树莓派4与人工智能

实战项目

李伟斌◎编著

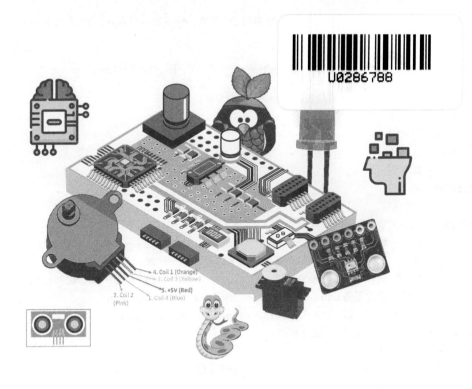

清华大学出版社

北京

内容简介

本书主要介绍树莓派不同类型的特性，以及树莓派入门所需要的基础知识；涵盖了树莓派 GPIO 的不同操作方法，以及树莓派的 I²C 总线、SPI 总线、UART 串口、PWM 脉宽调制等偏硬件操作的内容；同时也为读者准备了一些树莓派上常见的服务类型的搭建和配置，包括树莓派推流服务器搭建的方法，常见数据库 MariaDB、PostgreSQL 的安装配置操作，MQTT 服务器的搭建配置，DHCP 服务器的搭建配置等。此外，还加入了一些比较有趣的实验，例如利用 TensorFlow 实现对象检测，使用 OpenCV 制作一个树莓派扫描仪，或利用 OpenCV 实现换鼻子的实验，带领读者了解树莓派通过摄像头能够实现的一些应用。

本书为初学者全面入门了解树莓派提供了很好的切入点，使读者可以了解更多树莓派的使用方法以及操作小技巧。同时，在整体的编程过程中使用了 C 语言、Python 语言及 Shell 脚本语言等常见语言，对于拥有此类语言编程经验的用户更友好。

希望读者能够在这里找到自己喜欢的实验，并顺利入门树莓派！

图书在版编目(CIP)数据

树莓派 4 与人工智能实战项目 / 李伟斌编著 . —北京：清华大学出版社，2022.5（2024.12重印）
ISBN 978-7-302-60325-2

Ⅰ . ①树… Ⅱ . ①李… Ⅲ . ①软件工具—程序设计 Ⅳ . ① TP311.561

中国版本图书馆 CIP 数据核字 (2022) 第 042435 号

责任编辑： 杨迪娜
封面设计： 徐　超
责任校对： 郝美丽
责任印制： 沈　露

出版发行： 清华大学出版社
　　　　　网　　　址： https://www.tup.com.cn, https://www.wqxuetang.com
　　　　　地　　　址： 北京清华大学学研大厦 A 座　　　　　　　　**邮　　编：** 100084
　　　　　社 总 机： 010-83470000　　　　　　　　　　　　　　**邮　　购：** 010-62786544
　　　　　投稿与读者服务： 010-62776969，c-service@tup.tsinghua.edu.cn
　　　　　质 量 反 馈： 010-62772015，zhiliang@tup.tsinghua.edu.cn
印 装 者： 天津鑫丰华印务有限公司
经　　销： 全国新华书店
开　　本： 186mm×240mm　　　　　**印　　张：** 17.5　　　　　**字　　数：** 332 千字
版　　次： 2022 年 6 月第 1 版　　　　　　　　　　　　**印　　次：** 2024 年 12 月第 3 次印刷
定　　价： 79.00 元

产品编号：086335-01

前　言

自从 2012 年开始接触树莓派以来，我的工作和生活中一直有树莓派的影子，公司的公众号、我个人的公众号上都在不断地进行着和树莓派有关的各种尝试，也因此结识了很多喜欢树莓派的小伙伴，大家在一次次的交流和相互学习中不断进步，不仅巩固了 Linux 系统的基本功，也学习到了很多嵌入式开发的经验，以及树莓派上通过 Python 开发的经验。也是机缘巧合，遇到了清华大学出版社的杨迪娜老师，萌生了编写一本树莓派入门图书的想法，也是本书诞生的契机。

本书主要介绍树莓派不同类型的特性，以及树莓派入门所需要的基础知识；涵盖了树莓派 GPIO 的不同操作方法，以及树莓派的 I^2C 总线、SPI 总线、UART 串口、PWM 脉宽调制等偏硬件操作的内容；同时也为读者准备了一些树莓派上常见的服务类型的搭建和配置，包括树莓派推流服务器搭建的方法，常见数据库 MariaDB、PostgreSQL 的安装配置操作，MQTT 服务器的搭建配置，DHCP 服务器的搭建配置等。此外，还加入了一些比较有趣的实验，例如利用 TensorFlow 实现对象检测，使用 OpenCV 制作一个树莓派扫描仪，或利用 OpenCV 实现换鼻子的实验，带领读者了解树莓派通过摄像头能够实现的一些应用。

经过和身边朋友的不断交流总结，我编写了本书，旨在引导读者入门并对树莓派应用产生兴趣。由于时间仓促，很多想法和创意尚未来得及编排，若有缘再续。

书中疏漏之处，希望各位读者不吝赐教，多多批评指正，让本书能够造福更多爱好者。

作　者
2022年6月

目　　录

第9章 树莓派上利用TensorFlow实现对象检测·······················198

第10章 树莓派扫描仪——树莓派+OpenCV·······················209

第11章 AI换鼻子——树莓派+OpenCV·······················222

第12章 树莓派通过U盘启动系统 ················· 263

第 1 章
树莓派简介

引　言

　　在大家开始树莓派之旅之前，鉴于很多树莓派爱好者都曾经遇到过这样的经历，就是参考网络上很多树莓派的文档，在自己的树莓派上做实验时总是会遇到各种各样的错误。这种挫败感让人不知所措，甚至怀疑人生，因此有必要简单介绍一下树莓派的不同型号的配置信息和基本特性。由于设备之间的差异，操作系统版本的差异导致的问题都可以在了解了特性后再去尝试，肯定能够事半功倍！

1.1　树莓派是什么?

　　这是一个老生常谈的问题，第一次听闻树莓派的朋友脑海里都是一种类似蛋黄派的食物，而实际上树莓派（Raspberry Pi）是由注册于英国的慈善组织"树莓派基金会"开发的一种微型单板计算机。2012 年 3 月，英国剑桥大学艾本·阿普顿（Eben Upton）正式发售世界上最小的台式机，又称卡片式计算机，外形只有信用卡大小，却具有计算机的所有基本功能，这就是 Raspberry Pi，中文译名"树莓派"，后面文章中将以"树莓派"作为名称来称呼 Raspberry Pi。

这一基金会以"提升学校计算机科学及相关学科的教育，让计算机变得有趣"为宗旨。基金会期望这一款 SBC（Single Board Computer）无论是在发展中国家还是在发达国家，都会有更多的其他应用不断被开发出来，并应用到更多领域。在 2006 年树莓派早期概念是基于 Atmel 的 ATmega644 单片机，首批上市的 10 000 "台"树莓派的"板子"，由中国台湾和大陆厂家制造。最初的树莓派如图 1-1 所示。

图 1-1　初代树莓派

随着树莓派硬件版本的迭代，不断产生了很多新的版本，在性能和外观上也逐渐有了很多不同的变化，针对不同的应用方向，可以采用不同的树莓派进行开发。下面就简单介绍一下树莓派在第一代产品后出现的不同版本，这些产品不分先后顺序。

1. 树莓派 Zero 及 Zero W

树莓派 Zero 的尺寸是 Model A+ 的一半，但性能翻一倍。其特性如下：具有 BCM2835 1GHz 单核 CPU，512MB RAM，Mini HDMI 端，Micro USB OTG 端口，MicroUSB 电源接口，兼容 HAT 的 40Pin GPIO 引脚，复合视频接口和 reset headers，CSI 摄像头接口仅兼容 V1.3 的官方摄像头。树莓派 Zero W 除了具有树莓派 Zero 的所有功能外，还增加了 WiFi 连接的功能，包括 802.11 b / g / n 无线局域网、蓝牙 4.1、蓝牙低功耗（BLE），使得树莓派在使用上更加便利。树莓派 Zero 和树莓派 Zero W 分别如图 1-2 和图 1-3 所示。

图 1-2　树莓派 Zero

图 1-3　树莓派 Zero W

仔细观察会发现，在树莓派 Zero W 靠近核心芯片的位置旁有个形似三角形的位置，是无线网络的天线，这也是区别树莓派 Zero 和树莓派 Zero W 最快的方法。

2. 树莓派 1 Model A+

与 2012 款 Model A 相比，树莓派 1 Model A+ 具有更多的 GPIO 引脚。GPIO 引脚

数量从 26 只扩展到 40 只，同时保留与 Model A 和 Model B 相同的前 26 只引脚的相同功能；使用 Micro SD 卡槽，取代了原来的比较大的 SD 卡，卡槽也由原先的直接推进式更换到了自锁卡槽；降低了整体的功耗，通过用开关电源代替线性稳压器，将功耗降低了 0.5~1W；增强了音频电路，采用专用的低噪声电源，使音效更好；外观做得更小更整洁，将 USB 连接器与板边缘对齐，将复合视频移动到 3.5mm 插孔上，并添加了四个正方形安装孔。Model A + 型比 Model A 型短约 2cm，但是由于 USB 接口只有一个，因此对于新手来说，使用起来会有一些不便，但是对于 DIY 爱好者来说，正是因为其小巧的特性才被不少爱好者视为珍宝，成为除了树莓派 Zero 之外最小巧的服务器。树莓派 1 Model A+ 外观如图 1-4 所示。

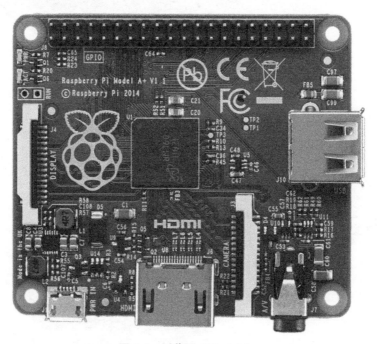

图 1-4　树莓派 1 Model A+

3. 树莓派 1 Model B+

与 2012 款 Model B 相比，树莓派 1 Model B+ 将 GPIO 引脚从 26 只增加到 40 只，并保持与原有 GPIO 的兼容性；配备了 4 个 USB 2.0 接口（Model B 型只有 2 个），并且提供了更好的热插拔属性和过流的容忍度；卡槽也像 Model A+ 一样进行了改造，采用自锁卡槽，网卡仍然使用 100Base 以太网（与原 Model B 型相同）；降低了功耗，通过用开关代替线性稳压器，将功耗降低了 0.5~1W；为了提供更好的音频，音频电路采用专用的低噪声电源；外观仍然很整洁，将复合视频移动到 3.5mm 插孔上，并添加了 4

个正方形安装孔。树莓派 Model B+ 外观如图 1-5 所示。

图 1-5　树莓派 Model B+

4. 树莓派 2 Model B

与树莓派 1 相比，树莓派 2 Model B 具有 900MHz 四核 ARM Cortex-A7 CPU 和 1GB 内存，类似于树莓派 1 Model B+，其特性如下：具有 100BaseT 以太网，4 只 USB 端口，40 只 GPIO 引脚，标准 HDMI 端口，提供了 3.5mm 音频插孔和复合视频，摄像头接口（CSI），官方显示器接口（DSI），Micro SD 卡插槽，VideoCore Ⅳ 3D 图形核心（也就是传说中的 GPU），可以支持硬解压 1080P 视频。

树莓派 2 Model B 中使用的 Broadcom 芯片 BCM2836，其底层架构与 BCM2835 完全相同，唯一显著的区别是删除了 ARM1176JZF-S 处理器并替换为四核 Cortex-A7 集群。树莓派 2 Model B 外观如图 1-6 所示。

5. 树莓派 3 Model B

树莓派 3 Model B 是第三代树莓派的最早型号。它于 2016 年 2 月取代了树莓派 2 Model B，是树莓派 3 系列中的最新产品。其特性如下：采用 1.2GHz Broadcom BCM2837 64 位 CPU；1GB RAM；板载 BCM43438 无线 LAN 和蓝牙低功耗（BLE）；100BaseT 以太网；扩展的 40 只 GPIO 引脚；4 个 USB 2 端口；四极立体声输出和复合视频端口；全尺寸 HDMI；CSI 摄像头接口，用于连接树莓派相机；DSI 显示接口，用于连接树莓派触摸屏显示器；Micro SD 端口，用于加载操作系统和存储数据；升级后的 Micro USB 电源电压高达 2.5A。

图 1-6　树莓派 2 Model B

　　树莓派 3 中使用的 Broadcom 芯片 BCM2837 是树莓派 2 的后续型号。BCM2837 的基础架构与 BCM2836 完全相同，唯一显著的区别是用四核 ARM Cortex-A53（ARMv8）集群替换 ARMv7 四核集群。ARM 内核运行速度为 1.2GHz，使得该设备比树莓派 2 快50%。VideoCore Ⅳ的运行频率为 400MHz。树莓派 3 Model B 外观如图 1-7 所示。

图 1-7　树莓派 3 Model B

6. 树莓派 3 Model A+

树莓派 3 Model A+ 将树莓派 3 系列扩展为 A＋板格式。其特性如下：CPU 采用的是 Broadcom BCM2837B0，Cortex-A53（ARMv8）64 位 SoC @ 1.4GHz；内存采用 512MB LPDDR2 SDRAM；支持 2.4GHz 和 5GHz IEEE 802.11.b／g／n／ac 无线局域网，蓝牙 4.2，BLE；扩展的 40 只 GPIO 引脚；支持全尺寸 HDMI；仅提供单个 USB 2.0 端口；CSI 摄像头接口和 DSI 接口等与树莓派 3 Model B 没有区别；四极立体声输出和复合视频端口；Micro SD 端口，用于加载操作系统和存储数据；支持 5V／2.5A 直流电源输入。

树莓派 3 中使用的 Broadcom 芯片 BCM2837，是树莓派 2 的后续型号。BCM2837 的基础架构与 BCM2836 完全相同，唯一显著的区别是用四核 ARM Cortex A53 （ARMv8）集群替换 ARMv7 四核集群。ARM 内核运行速度为 1.2GHz，使得该设备比树莓派 2 快 50%。VideoCore Ⅳ 的运行频率为 400MHz。树莓派 3 Model A+ 外观如图 1-8 所示。

图 1-8　树莓派 3 Model A+

7. 树莓派 3 Model B+

树莓派 3 Model B＋是树莓派 3 系列中的最新产品。其特性如下：CPU 采用 Broadcom BCM2837B0，Cortex-A53（ARMv8）64 位 SoC @ 1.4GHz；内存采用 1GB LPDDR2 SDRAM；无线方面采用 2.4GHz 和 5GHz IEEE 802.11.b／g／n／ac 无线局域网，蓝牙 4.2，BLE；网卡采用 USB 2.0 千兆以太网（最大吞吐量 300 Mbps）；GPIO 依然采

用 40 只引脚的扩展；支持全尺寸 HDMI；4 个 USB 2.0 端口；CSI 相机接口；DSI 显示端口；四极立体声输出和复合视频端口；Micro SD 端口；5V / 2.5A 直流电源输入；另外，还支持以太网供电（PoE）支持，只是需要额外的单独 PoE HAT 模块才可以正常工作，解决了很多工业场合的应用需求。树莓派 3 Model B+ 外观如图 1-9 所示。

图 1-9　树莓派 3 Model B+

8. 树莓派 Computer Module 3+/32GB

树莓派 Computer Module 3+/32GB（简称 CM3 + / 32GB）包含树莓派 3 型号 B +（BCM2837 处理器和 1GB RAM）的内核以及 32GB eMMC 闪存设备（相当于 SD 卡），CPU 采用 Broadcom BCM2837B0，Cortex-A53（ARMv8）64 位 SoC @ 1.2GHz，内存采用 1GB LPDDR2 SDRAM，存储采用 32GB eMMC 闪存，这些都集成在一块小型（67.6mm×31mm）PCB 上，适用于标准 DDR2 SODIMM 连接器。闪存直接连接到电路板的处理器上，其余的处理器接口可通过连接器引脚提供给用户。

开发工程师可以获得 BCM2837 SoC 的全部特性（这意味着可以使用比标准树莓派更多的 GPIO 接口），并且将模块设计到自定义系统中，使开发相对简单。

为了帮助硬件工程师开始设计使用该模块的 PCB，官方还提供了一个开源分线板，它配有 CM3 + / 32GB 和 CM3 + / Lite 开发套件。另外，CM3 + 还提供以下版本：

◆　CM3 + / Lite：没有 eMMC 闪存，但将 SD 卡接口引入模块引脚，以便用户可以将其连接到他们选择的 eMMC 或 SD 卡。

◆　CM3 + / 8GB：8GB 闪存。

◆　CM3 + / 16GB：16GB 闪存。

树莓派 CM3+ 模块外观如图 1-10 所示。

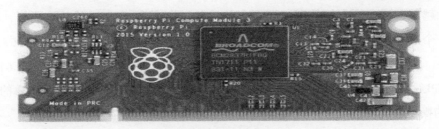

图 1-10　树莓派 CM3+ 模块

9. 树莓派 4 Model B

下面要介绍的是本书的主角，本书中的所有程序都是在这个平台上运行的，部分程序也可以在其他版本的设备上运行，只是运行性能可能会有所不同。树莓派 4 Model B 的特性如下：

◆　Broadcom BCM2711，四核 Cortex-A72（ARM v8）64 位 SoC @ 1.5GHz。

◆　1GB、2GB 或 4GB LPDDR4-3200 SDRAM（取决于型号）。

◆　2.4GHz 和 5.0GHz IEEE 802.11ac 无线，蓝牙 5.0，BLE。

◆　千兆以太网。

◆　2 个 USB 3.0 端口；2 个 USB 2.0 端口。

◆　树莓派标准 40Pin GPIO 接头连接器（与以前的板完全向后兼容）。

◆　2 个 Micro HDMI 端口（最多支持 4KP60）。

◆　2 通道 MIPI DSI 显示端口。

◆　2 通道 MIPI CSI 摄像机端口。

◆　4 针立体声音频和复合视频端口。

◆　H.265（4KP60 解码），H.264（1080P60 解码，1080P30 编码）。

◆　OpenGL ES 3.0 图形。

◆　Micro SD 卡插槽，用于加载操作系统和数据存储。

◆　通过 USB-C 连接器提供 5V DC（最小 3A）。

◆　通过 GPIO 接头提供 5V DC（最小 3A）。

◆　启用以太网供电（PoE）（需要单独的 PoE HAT）。

◆　工作温度：0～50℃环境。

这是树莓派历代设备中具有大容量内存的版本，可以根据自己的选择购买 1GB 内存的版本、2GB 内存的版本和 4GB 内存的版本，当然内存越大，同等条件下运行的性能就越好。这个版本的外观做了很大的改动，网卡和 USB 口的位置换了，而且提供的 2 个 USB 3.0 接口可以接快速存储设备来构建网络附加存储（Network Attached Storage，NAS）服务器，通过千兆以太网网卡提供快速访问互联网的特性，64 位的 4 核心 CPU 可以兼容 64bit 系统，在网络上已经有 balena 发行了针对树莓派 4B 的全功能 64bit 的操作系统。

Ubuntu 官方也提供了支持树莓派 2、3 和 4 系列的操作系统镜像，不论从软件还是从硬件方面都拥有极大的优势，因此可以说是生态环境非常不错的一款单板计算机。树莓派 4B 外观如图 1-11 所示。

图 1-11   树莓派 4B

可以发现，树莓派硬件有一个共同的特点，就是其硬件有 CPU、内存、GPIO 引脚、3.5mm 复合接口、CSI 接口、DSI 接口，USB 口的数量根据版本会有不一样的变化，蓝牙也是部分设备才有的功能，这个要根据实际的设备来判断，在 DIY 一些应用时，要根据需求合理进行选型。

10. 树莓派 Pico

树莓派 Pico 是树莓派官方组织完善其产品链的新产品，整个生态因其而完整了。从单片机到单板主机到成品 Pi400 键盘主机，标志着树莓派产品线的闭环，也就是说，用户一整套的学习和解决方案都可以直接围绕树莓派基金会提供的产品展开。

树莓派 Pico 是使用 RP2040 构建的小巧、快速、通用的电路板，是目前比较畅销的一款产品，但是其定位并不能作为树莓派对等的开发板来定义，性能上还是有很大差距的。我们只将其与 Arduino 和 STM32 的低端产品做一个横向对比，RP2040 由树莓派设计，具有双核 Arm Cortex-M0＋处理器和 264KB 内部 RAM，并支持高达 16MB 的片外 Flash。多种灵活的 I/O 选项，包括 I^2C、SPI 和（唯一的）可编程 I/O（PIO）。树莓派 Pico 外观如图 1-12 所示。

图 1-12　树莓派 Pico

树莓派 Pico 官方提供了 MicroPython 和 C、C++ 编程支持的 SDK，方便电子入门的用户进行快速编程。

1.2　树莓派周边配件

当你手里只有树莓派时，使用起来就比较麻烦一些，大部分人都在购买了树莓派 PCB 主板后不知所措，实际上，要想让树莓派能够顺利地启动，还需要一些必要的外设，例如：屏幕，电源，TF 卡，外壳，HDMI 线（高清数字接口线），散热片，散热风扇等。外设通常根据用户的需求进行选择，本书推荐购买以下基础配件：

◆　32GB 容量的 Class10 以上的 TF 卡，U30 或者更快速度的卡更佳。

◆ 树莓派 5V/3A 足量的电源（TYPE-C 接口）。

◆ USB 美标键盘和 USB 鼠标。

◆ 高清数字 HDMI 线缆（可接驳支持 HDMI 的电视机）。

◆ 一款合适的外壳，最好带散热风扇和散热片。

1.3　树莓派能做什么？

对于树莓派应用的方向，Eben（树莓派创始人）早先的初衷是为了让孩子们学习编程，增加编程能力的，但是被创客界的 Maker 们和一些电子工程师、软件工程师发现后大放异彩，大家分别在各自的领域展现对树莓派独到的见解，制作出各种匪夷所思的有趣应用。

例如，有人用树莓派打造一个家庭影院，利用一款叫作 KODI 的系统让树莓派成为家中的电视盒，既能够播放影片，又能够作为电子相册展示高清的图片，还能够在闲暇之余听听音乐，而小小的设备可以贴在电视机的背后，完全不占用空间；还有人 DIY 了复古的留声机，利用树莓派结合 3D 打印的外壳，制作一个可爱的复古留声机，还能够连接蓝牙并进行音量调节，如图 1-13 所示。

图 1-13　DIY 留声机

国外有不少电子爱好者将树莓派配置成无线路由器，再结合 Pi-hole 系统进行广告的屏蔽，构建家中带广告过滤功能的路由器设备。

还有更多人使用树莓派搭建 BT 下载服务器，让家里的宽带在空闲时下载学习资料、视频等；也有网络工程师在自己的网络环境里搭建了简单的 FTP 文件传输服务器，用来发布自己的资源。还有一些比较前卫的程序员将树莓派配置成代码托管服务器来托管代码，搭建自动同步 git 仓库的自动化设备。

身边有一些无线电爱好者利用树莓派制作小功率网络收音机播放设备，制作成小巧的 FM 电台播放星球大战的主题曲或者是利用电视棒结合树莓派制作一个 SDR（软件定义无线电）设备将空气中不间断的电波用可视化的方式展现出来，如图 1-14 所示。

图 1-14　树莓派 SDR

在树莓派上搭建 LNMP 的环境制作动态网站和一些基础架构的服务器，也是一个非常常见的选择，在自己的家中通过搭建一个基于 Nginx Web 服务器的动态网站平台到树莓派设备上，再通过 PHP 脚本语言和 MySQL 数据库结合来实现动态调用也是非常不错的选择。搜索全球树莓派网站的实例可以发现，很多国外的小型 Web 服务器都基于树莓派搭建了 APACHE Web（Apache 一种常见的 Web 服务器软件）服务，从爬虫的数据结果上能看到都已运行较长时间，说明其稳定性在配置好了系统的条件下还是比较稳定的，而且这样一个低功耗的设备谁不想拥有呢？

还有无线电爱好者使用树莓派结合 USB 硬盘阵列设备搭建了一个家用的 NAS（网络附加存储）设备，实现家庭资源共享平台，如图 1-15 所示。

图 1-15　树莓派 NAS 设备

更厉害的是，有运维工程师利用树莓派结合 cobbler 实现了网络批量自动化安装 CentOS Linux 操作系统的平台，该自动化运维部署服务器大大降低了运维人员的运维成本。这期间还有运维工程师利用开源的 zabbix 运维监控软件在树莓派上构建了一个实时监控公司内网服务器状态的监控设备，为公司运维人员提供了很好的监控平台。

随着时间的推移，越来越多的爱好者开始在树莓派上实现自己大胆的想法，还有更甚者利用树莓派搭建 Hadoop 集群或 kubernetes（以下简称 k8s）集群，如图 1-16 所示。

图 1-16　树莓派 k8s 集群

以上都是局限在树莓派的软件应用领域的一些应用案例，由于树莓派的软件特性是能够运行 Linux 系统，在树莓派的软件生态里，Raspbian 系统由于其诞生于 Ubuntu 操作系统，继承了其鼻祖 Debian 系统的生态多样性，其软件生态也呈现出了 Debian 软件仓库的那种庞大繁复的特性，从硬件应用到软件开发再到神经网络，都可以找到它支持的软件包，那么相对于偏硬件的应用又有哪些呢？

由于树莓派 GPU 的性能不错，当给树莓派搭配了官方的摄像头后，就可以实现拍照、摄像功能，可以使用 MJPG-Streamer 制作网络监控设备或者制作一个小的数码相机，如图 1-17 所示。

图 1-17　SnapPiCam

一些用户将树莓派用在了车载设备上，例如结合 GPS 模块，通过串口读取经纬度和速度的信息，然后通过 3G 或者 4G 网络向谷歌地图的 API（Application Programming Interface，应用程序接口）发送请求，实时在地图上标注当前的位置和进行导航设置，如图 1-18 所示。

图 1-18　树莓派车载导航系统

随着特斯拉、波士顿机器人等各种黑科技的不断展现，越来越多的爱好者开始喜欢机器视觉带来的体验，其中机器视觉中以 OpenCV 的视觉框架技术最受青睐，在嵌入式领域里，很多人在不遗余力地将这个视觉框架移植到嵌入式硬件上。

当然，树莓派也不例外，目前在树莓派上可以非常轻松地搭建 OpenCV 的环境，只需要一个摄像头就可以进行人脸识别、动态检测等功能，图 1-19 所示就是一个人脸识别的例子。

图 1-19　OpenCV 人脸识别

结合人脸识别和动态检测技术，再加入舵机等硬件设备，可以尝试制作一个类似钢铁侠服务机器人的原型机器人。如果使用人脸识别技术结合舵机和水弹枪，甚至可以 DIY 一个小型防卫系统，通过识别人脸在图像中的位置来进行瞄准和攻击，如图 1-20 所示。

图 1-20　人脸识别防卫水弹

还有很多基于视觉的 DIY 应用，将在后续章节详细介绍，此处不再赘述。

声音方面，结合 USB 声卡可以实现语音采集并通过百度语音平台进行语义分析，通过开源的 snowboy 的平台可以创建唤醒词，这样就可以制作类似天猫精灵一样的网络音箱设备，可以通过呼叫唤醒词来激活树莓派的响应。如果想制作这样的设备，需要提前准备一个兼容 USB 接口的麦克风设备，因为树莓派本身不带有音频录入的设备。

图 1-21 所示是一个创客制作的语音天气提醒的盒子，其中就是依靠树莓派连入网络，通过内部隐藏的麦克风来监听用户的请求。用户询问时说出唤醒词来唤醒设备，唤醒词可以自己定义，例如："天猫精灵，今天天气怎样？"或者"Alexa，告诉我今天天气如何？"，设备通过语义的识别然后调用网络中的相关 API 获取信息，再转换成声音播放出来，用到的技术多为 TTS（Text To Speech，文本转语音）。这样就形成了一个类似"智能音箱"的设备。

图 1-21　树莓派语音天气盒子

对于家庭打印机而言，稍加改造就可以将树莓派摇身一变，变为一台网络打印机的打印服务器。如果是 3D 打印机，树莓派还可以成为其监控设备，只需要下载 octoprint 操作系统，烧录到 TF 卡上并插入树莓派启动，简单配置就可以实现，如图 1-22 所示。

如果涉及树莓派 GPIO 引脚的功能，那么可以做的就更多了，普通的引脚结合继电器模块就可以控制电灯、插座等设备。在国外，有位工程师就将树莓派和微波炉结合在一起，配合一把扫码枪制作了一台智能微波炉（见图 1-23），能够通过扫描食物外包装的条码自动设定时间和火候，只需要将食物丢进微波炉，扫描枪扫一扫条形码就可以自动烹饪了。

针对学生或者科研团体，也有树莓派的适用场景，富有爱心的创客们利用树莓派为盲人制作了超低成本的盲文显示器。

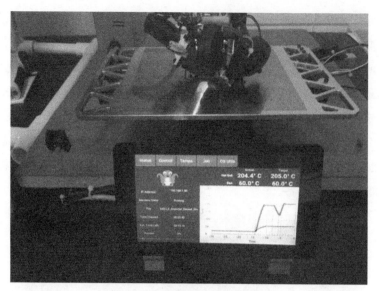

图 1-22 3D 打印机监控设备

图 1-23 树莓派微波炉

有学生在业余时间利用树莓派和摄像头制作了树莓派电子显微镜（见图 1-24），不仅可以以超低价格使用电子显微镜观察微生物，还可以将拍摄的高清照片上传到 Web 服务器提供给其他同学，甚至可以通过 OpenCV 进行处理，将微生物的菌落通过机器视觉计算出来，既准确又快速，还可以实时监控某个特定形态的微生物的运动状态。这不仅大大减少了学校教具的开销，还加强了学生的动手能力和编程能力，真是一举两得！

图 1-24　树莓派电子显微镜

对于物联网属性的应用，主要体现如下：

◆　二次元的 UP 主用树莓派搭建 B 站直播"点歌台"。

◆　叮当：一个开源的树莓派中文智能音箱项目。

◆　用 HomeKit+Siri 声控家用电器开关。

◆　用树莓派 DIY 共享鱼缸，支持微信远程喂鱼。

◆　用树莓派做 RTMP 流直播服务器，推送至斗鱼直播。

类似这样的应用真是层出不穷，甚至还有将树莓派用在工业领域，想要实现工业互联网原型的应用，这里不再赘述。

针对航模爱好者和电子爱好者，可能更让他们感兴趣的是用树莓派 DIY 六足行走的机器人；制作 DonkeyCar 自动驾驶小车，如图 1-25 所示；或是制作 Rapiro 机器人，如图 1-26 所示；或是把树莓派制作成复古游戏机；再或者是利用树莓派控制微型 CNC，制作 3D 打印机、激光切割机等炫酷的设备，或者作为核心主控进入航模的静改动的应用中；更加有趣的是利用树莓派实现图传的功能并搭载到遥控小车或者遥控船上、四轴飞行器上，门类五花八门，不一而足。

图 1-25　DonkeyCar 漂移驴车

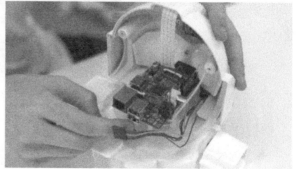

图 1-26　树莓派机器人 Rapiro Bot

　　深入剖析这些应用的核心，其实还是一些小的基础应用或技巧和对 Linux 系统的应用的一个扩展。很多玩家在购买了树莓派后，只开机了一次还没有领略到其有趣的功能，树莓派就被丢弃在某个角落并被遗忘，究其原因，很可能是遇到了 Linux 系统的技术门槛或者是对树莓派硬件 GPIO 的操作不了解，以致于遇到问题没办法解决就只能放弃了。为了避免上述问题，本书会通过后续章节慢慢用抽丝剥茧的方式带领读者进入树莓派的奇幻世界！

第 2 章
树莓派入门基础知识

2.1 系统选型

说起系统下载，很多朋友遇到的问题无非是：我需要自己开发一个 Linux 系统运行在树莓派上吗？还是像 STM32 那样裸跑一个 FreeRTOS 系统？支持树莓派的系统有哪些呢？针对这些问题，本节主要介绍树莓派支持的系统种类。

针对不同的应用方向，用户可以选择不同的系统镜像实现相应的功能，树莓派官方网站上提供了一些常用的操作系统，介绍如下：

◆ Ubuntu Mate：Ubuntu 带桌面的系统，支持 ROS，有不少爱好者喜欢用它，可以和 Ubuntu 使用习惯无缝链接，软件仓库资源也比较全面。

◆ Ubuntu Core：Ubuntu 核心系统，安全性和优化做得比较好，初级用户会比较难以上手。

◆ Ubuntu Server：Ubuntu 复杂的服务器系统。

◆ OSMC：开源的家庭媒体中心操作系统，和 XBOX360 操作界面类似，功能强大。其中，AirPlay 功能可以实现将音频和视频从兼容的 iOS 设备流式传输到 OSMC 设备上，也就是说，可以在手机上播放视频而通过 AirPlay 投射到运行着

OSMC 的树莓派上，如果树莓派连接着一个大的电视机，那么手机上的视频流通过局域网投影到大电视上。

◆ LibreELEC：一款类似家庭媒体中心的操作系统，开机后由 Kodi 提供华丽的界面，也是很多国内网友制作机顶盒的不二之选。

◆ Mozilla Web Things：提供通过统一的 Web 界面监视和控制所有智能家居设备的系统。

◆ PiNet：一款树莓派教室集中式用户账户和文件存储系统，类似微软的活动目录集中管理学生账户信息和共享资源。

◆ RISC OS：精简指令集的操作系统，可以说是一款非 Linux 的开源系统，对初学者难度比较大，不推荐。

◆ Weather Station：顾名思义就是利用树莓派制作简单的气象站系统。

◆ IchigoJam RPi：是 Kids PC IchigoJam 软件的树莓派版，创建 IchigoJam 的目的在于使小孩子可以轻松享受使用 BASIC 语言进行的编程。通过使用数字 I/O、PWM、I^2C 和 UART 等功能，它也可以用于电子爱好者制作一些有趣的电子应用。

◆ Raspbian：非常稳定的树莓派官方系统，拥有大量的基于 Ubuntu 的软件包，软件仓库内容丰富。

◆ RetroPie：一款非常强大的游戏机模拟器系统，与其同样出名的系统还有 lakka、recalbox、batocera 等。

◆ DietPi：这也是一款非常强大的系统，它具有非常强大的管理工具，几乎帮用户做完了所有需要做的操作，包括开机初始化的一系列操作，基本是自动化的优化系统，但是很多人觉得它是基于 Raspbian 做了优化的系统，应用便利性还可以，有兴趣的读者可以尝试。

◆ Manjaro Linux：自从互联网上有一部分 Manjaro Linux 爱好者将其移植到树莓派上以后，就有很多爱好 Manjaro Linux 的用户在树莓派上部署自己的操作系统了，因为它的特性就是完全在用户控制下一键配置，适合所有人员，并且更新快速、稳定。其提供最新的 64 位系统，如果希望使用 64 位系统的用户，这个系统是不容错过的。

◆ Octoprinter：3D 打印机管理系统，如果有 3D 打印机，可以尝试使用这个系统部署到树莓派上，管理打印机和物料，也是开源软件。

以上系统中，资料最全面、使用人数最多的是 Raspbian，当然随着树莓派 4 代 8GB 版本的发布，越来越多的应用更加偏向 Debian 和 Ubuntu 平台，但从总体发布的趋势来看，它是一直基于 Debian 原型的，所以万变不离其宗，掌握一款操作系统的使用方法，其他的操作系统也就可以信手拈来了！

2.2　新系统下载及烧录

不同于其他的硬件，树莓派的系统是需要从官方网站的链接中下载下来，然后烧录到 TF 卡上，才能够正常工作的。Raspberry Pi OS（以前称为 Raspbian）是所有树莓派型号的官方操作系统，随着不断的更新和完善，烧录的工具也产生了很多变化。从很久之前的 win32_diskimager，到流行一时的 Etcher，再到最新的 Raspberry Pi Imager，一直在不断地更新着。如果使用 Raspberry Pi Imager，可以轻松地将 Raspberry Pi OS 和其他操作系统安装到准备与树莓派一起使用的 SD 卡上。只是鉴于网络的缘故，可能下载安装的时间会有一些长，本书建议将镜像下载到本地磁盘上，然后解压后烧录，可以增加烧录的速度和成功的概率。系统下载可以通过下面的方式找到，如图 2-1 所示。

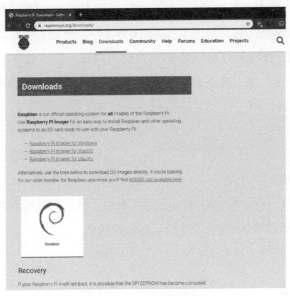

图 2-1　系统下载界面

对于树莓派 4B，可能会遇到烧录好的系统无法启动的情形，那么有可能是 SPI EEPROM 里面的固件损坏（Firmware Damaged），需要对其进行检查，步骤如下：首先取出 SD 卡，然后断开设备电源，最后重新连接电源。如果开机后绿色 LED 指示灯不闪烁，只有红色电源灯亮起，则表明 EEPROM 固件已经损坏，Raspberry Pi Imager 工具会通过网络自动准备一款能够对 Raspberry Pi 4 的 EEPROM 重新编程的 SD 卡镜像来修复该问题。官方所提供的 Raspberry Pi Imager 有三个不同的版本，分别是 For windows、For macOS、For Ubuntu X86。For Raspberry Pi OS：在终端中输入 sudo apt install rpi-imager。

2.3　恢复卡制作的操作步骤

2.3.1　方法 1

① 查找空的 SD 卡或不包含任何要保留的数据的 SD 卡（在此过程中将完全删除所有数据）。

② 从官方网站提供的列表中下载适用于用户操作系统的 Raspberry Pi Imager。

③ 单击"选择操作系统"，然后选择"其他实用程序映像"，然后选择" Pi 4 EEPROM 引导恢复"。

④ 插入 SD 卡，单击"选择 SD 卡"，选择已插入的卡，然后单击"写入"按钮。

⑤ SD 卡准备就绪后，将其插入 Raspberry Pi 4 中，然后将树莓派接通电源。

完成后，绿色 LED 指示灯将以稳定模式快速闪烁，断开设备电源。现在，可以卸下有恢复功能的 SD 卡，插入有正常系统的 SD 卡，然后继续使用树莓派。

2.3.2　方法 2

① 下载引导程序。

② 将其解压缩到一个空的 FAT 格式的 SD 卡中，然后将其插入 Raspberry Pi 4。

③ 连接电源，然后等待绿色 LED 指示灯快速闪烁。

2.4　烧录系统

大部分情况下，用户都是利用官方的烧录工具烧录系统到 SD 卡，这里介绍一下使用 Etcher 这款开源工具烧录的简单过程。首先在网络上搜索 balena Etcher 并下载，官方网站提供多种平台的软件包，包括 Windows、macOS X、Linux。根据自身需求下载软件包并且安装，安装完成后打开的界面如图 2-2 所示。

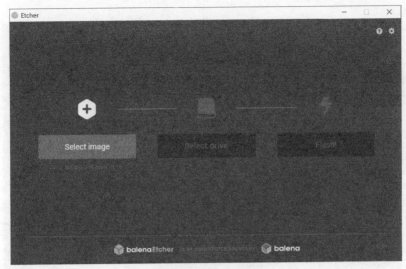

图 2-2　Etcher 界面

◆ Select image: 这个按钮可以选择下载好的镜像文件，一般建议将下载好的镜像文件解压后加载。例如：从官方下载的镜像可能是类似 2020-05-18-raspbian. img.tar.gz 这样的格式，将其通过 7-zip 解压后，生成一个 *.img 的文件，这个文件就可以加载上来进行烧录了，镜像文件如图 2-3 所示。

2019-04-30-raspbian-tensorflow-camer.img
2019-07-10-raspbian-buster.img
2019-07-10-raspbian-buster-full.img
2019-07-10-raspbian-buster-lite.img
2019-09-26-octopi-buster-lite-0.17.0.img
2019-09-26-raspbian-buster.img
2019-09-26-raspbian-buster-full.img
2020-02-13-raspbian-buster-full.img
2020-02-13-raspbian-buster-full.zip
kali-linux-2020.2-rpi3-nexmon.img.xz
MPI3501-3.5inch-2019-07-10-raspbian-buster.img
retropie-4.4-rpi2_rpi3.img
retropie-4.4-rpi2_rpi3.img.gz
ubuntu-20.04-preinstalled-server-arm64+raspi.im...

图 2-3　镜像文件

◆ Select drive: 插入 TF 卡后，这个按钮才会显示出来。如果插入了 U 盘或移动硬盘，它也会显示蓝色可选标志，这时请注意选择正确的盘符，如果选择错误，有可能会导致数据丢失，磁盘选择如图 2-4 所示。

图 2-4　磁盘选择

◆ Flash!：这个按钮就是进行烧录的开始按钮，非常简单的 3 步就可以完成烧录，烧录完成会有校验信息，等待校验完成，就可以将卡插入树莓派并启动它了。烧录过程如图 2-5 所示。

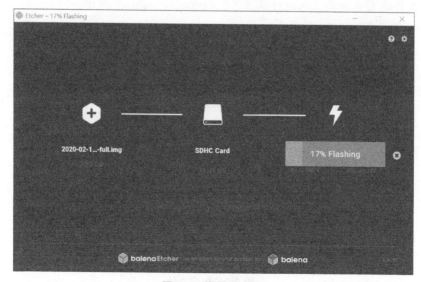

图 2-5　烧录进度图

用户还可以采用树莓派官方提供的 Raspberry Pi Imager 进行系统的烧录，如图 2-6 所示。

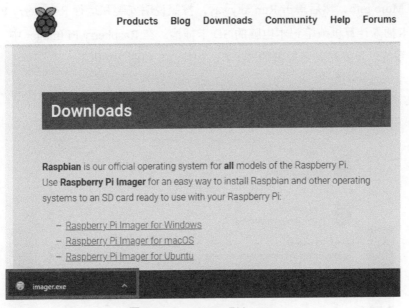

图 2-6　Raspberry Pi Imager

下载完成后，启动安装程序时，操作系统可能会尝试阻止运行它。例如，在 Windows 上，可能弹出如图 2-7 所示的消息框。

图 2-7　Windows 消息

单击 More info，然后单击 Run anyway，按照说明安装和运行 Raspberry Pi Imager，并将 SD 卡插入计算机或笔记本电脑的 SD 卡插槽。在 Raspberry Pi Imager 中，选择要安装的操作系统以及要在其上安装的 SD 卡，如图 2-8 和图 2-9 所示。

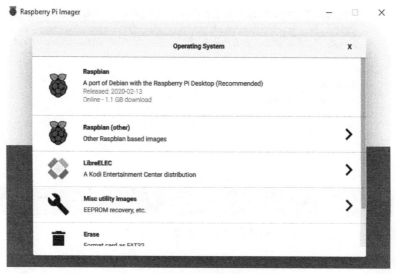

图 2-8　选择系统

图 2-9　选择 SD 卡

然后进行烧录即可，如图 2-10 所示。

图 2-10　烧录系统

单击 WRITE 按钮，系统开始烧录，然后等待 Raspberry Pi Imager 完成写入并收到完成提示消息后，就可以弹出 SD 卡，如图 2-11 所示。

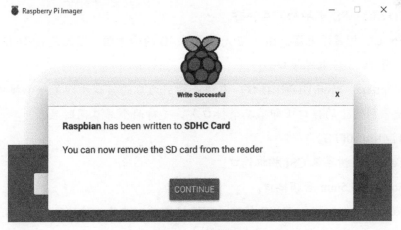

图 2-11　完成提示

2.5　初始化系统

在烧录完成并第一次启动树莓派时，初学者的心情肯定是无比激动的，但这才刚刚开始！为了让树莓派顺利运行，还有一些配置工作需要做，下面将介绍树莓派第一次初始化配置过程中的一些配置细节，用户可根据实际情况进行特定的选择。

首先连接树莓派外设，树莓派接口信息如图 2-12 所示。

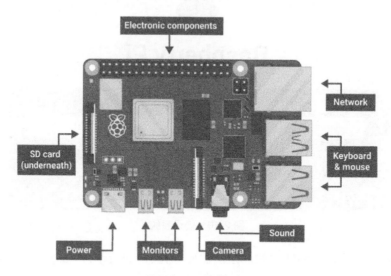

图 2-12　接口介绍

◆　SD card：SD 卡插槽，在背面。

◆　Power：树莓派电源。图 2-12 是树莓派 4B 的示意图，因此是 USB-C 接口类型，俗称 Type-C 电源接口。

◆　Monitors：Mini HDMI 接口。左边是索引为 0 的接口（即第一个接口），右边是索引为 1 的接口（即第二个接口），支持两个屏幕同时显示，单屏幕可以达到 4K@60FPS。

◆　Camera：树莓派 CSI 相机接口。

◆　Sound：3.5mm 音频接口。

◆　Keyboard & mouse：USB 接口。可连接鼠标、键盘、移动硬盘等 USB 设备。

◆　Network：以太网接口。接网线连接交换机或者路由器设备，更多时候用的是树莓派自带的 WiFi 连接功能。

连接好的树莓派外设如图 2-13 所示。

正常开机，启动树莓派后，会显示桌面的状态，如图 2-14 所示。

首次启动树莓派时，将弹出" Welcome to Raspberry Pi"应用程序，指导用户完成初始设置，如图 2-15 所示。

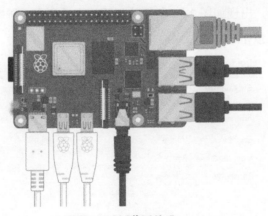

图 2-13　树莓派外设

图 2-14　Raspbian Desktop

图 2-15　欢迎界面

单击 Next 按钮，出现如图 2-16 所示的界面，设置所在的国家 / 地区、语言和时区，然后再次单击 Next 按钮，进入密码设置界面。

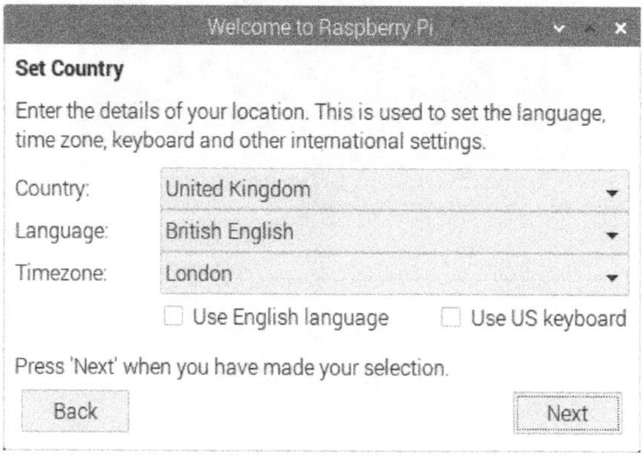

图 2-16　国家 / 地区、语言和时区设置

设置信息如下：Country 选择 China，Language 选择 British English，Timezone 选择 Shanghai，并勾选 Use English Language 和 Use US keyboard 选项，其意义是使用英文，并使用美标键盘，因为国内大部分键盘都是美标的布局，如果有特殊键盘布局的，可以在后续章节看到配置键盘映射的方法。有些用户开始随便将 Country 选择了 United Kingdom，随着后面使用，在敲命令时会发现管道符号、重定向符号等特殊符号打不出来，会很抓狂。因此，初始化时一定要按照本书的建议来做。也有用户会问为什么不用中文？因为在终端中使用中文可能会出现不识别或者识别较差的情况，这算是一个历史遗留的问题，相信后续会慢慢改进，当然选择中文也是可以的，根据不同的用途，使用不同的配置即可。

输入树莓派的新密码，然后单击 Next 按钮，如图 2-17 所示。

图 2-17　密码设置

接下来选择网络 SSID 名称，输入密码连接到 WiFi 网络。联网设置如图 2-18 所示。

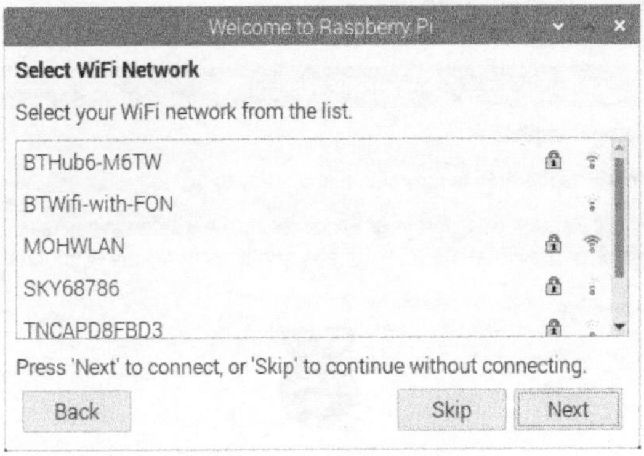

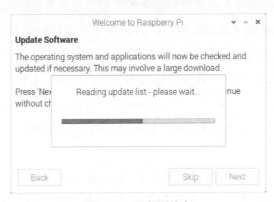

图 2-18　联网设置

注意： 如果树莓派型号没有无线连接，则不会看到此画面。

单击 Next 按钮，让向导检查对 Raspbian 的更新并安装（这可能需要一些时间）。一般情况下，本书推荐读者先跳过此步骤，等后面配置完成以后，再执行这个步骤。由于网络的原因，第一次更新会很慢，大多数人等不及都会更换为国内的源，实际上官方系统在 2019 年后的镜像中已经可以通过查询距离最近的源进行安装源的分配了。例如，某用户居住在上海，当使用官方源进行更新时，系统会自动选择距离其比较近或者性能更好的源服务器进行更新和下载。

更新时使用的虽然是官方源地址，但是更新时读取仓库信息的服务器是来自国内某大学的源服务器，所以手工更改更新源配置其实并不是必须的。如果对更新速度有较高要求，可以尝试更改源服务器地址，如更改为清华源服务器地址等，可以参考网上提供的资料进行，这里不再赘述。使用官方更新源信息如图 2-19 所示。

图 2-19　更新源信息

最后，单击 Finish 按钮或 Restart 按钮完成设置。注意，仅在需要完成配置并使其生效时才需要重启。设置完成如图 2-20 所示。

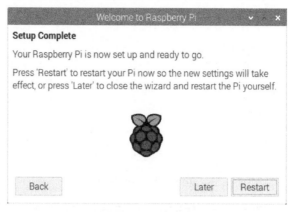

图 2-20　设置完成

至此，树莓派的初始化设置已经完成了，可以开始登录系统并探索树莓派秘境了！

初始化配置完成后，如果觉得之前的配置有的不太符合需求，该如何重新配置呢？可以通过树莓派自带的脚本工具 raspi-config 来完成。

工具在使用时，前面要加一个 sudo 命令，这个命令的意思是赋予用户临时获取超级用户 root 的权限来执行该命令，用直白点儿的语言说就是让普通用户像管理员那样使用这个命令或工具，临时赋予 root 用户的权限来执行原本只有 root 用户可以执行的二进制文件（命令）。当然这个是临时赋予普通用户的权限，在执行完命令后就会失效，一方面避免普通用户权力过大出现误操作的概率；另一方面也时刻提醒普通用户在执行命令前需要三思而后行，避免出现删库跑路的情况。

而这个命令怎么使用并在哪里进行输入呢？对于很多不熟悉 Linux 系统的用户来说，使用树莓派就被鼠标的活动区域限制了，在系统中，用户经常会打开一个 terminal，称为终端。曾经操作树莓派时，一个年轻的后生看着笔者打开的终端，感慨万千：这都什么年代了，还在用 DOS 系统？笔者只是笑而不语，殊不知 Linux 不发威，你还真当它是 DOS？要知道当年有一句名言："Command Line equal cash line"，翻译过来就是："命令行就是现金行"，这年头靠 Linux 系统赚钱的人不在少数，开源软件、开源硬件，用起来不知道多惬意呢！

如图 2-21 所示，单击 Terminal 工具按钮，或者在菜单栏中选择 Accessories →Terminal，或者直接按下 Ctrl+Alt+T 组合键，均可以快速打开一个终端，其效果如图 2-22 所示，它是用户通向树莓派魔幻世界的一个窗口。

图 2-21　打开终端

图 2-22　终端效果图

如果没有配置外部显示器的情况下，只要有网络环境，就可以通过在自己的 Windows 计算机上远程操作树莓派。^① 在图形界面上的终端内输入该命令和远程 SSH

登录后打开的终端中使用该命令的效果是一样的。通过 SSH 登录后使用命令的效果如图 2-23 所示，执行后效果如图 2-24 所示。

图 2-23　远程 SSH

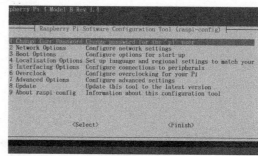

图 2-24　raspi-config 命令界面

在这个终端内，几乎可以完成所有对树莓派调试的操作，包括编写代码、调试程序、播放视频、上传下载文件等。

1. 改变用户密码

当选择该选项时，会出现提示信息，询问是否更改 pi 用户密码，默认的系统账户是 pi，密码是 raspberry，一般建议初始化系统时改为自己的密码，如图 2-25 所示。

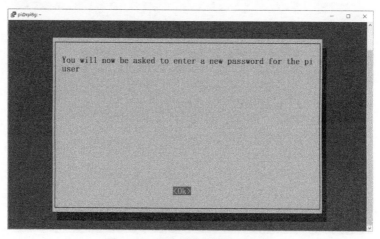

图 2-25　更改用户密码提示界面

在密码修改的过程中会提示输入，如图 2-26 所示，用户输入新密码时不会回显，因此看不到输入的密码信息，只需要输入后按 Enter 键，然后再输入一次即可。两次密码都输入正确后，会提示修改成功字样，如图 2-27 所示，下一次登录树莓派系统时就可以使用新密码登录了。

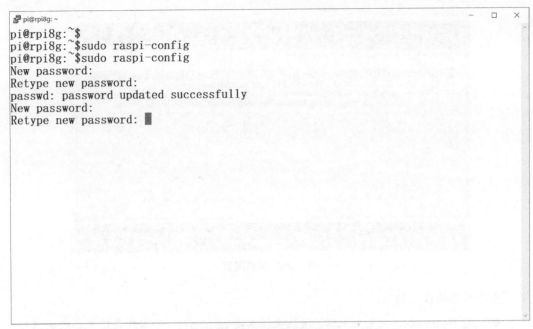

图 2-26　密码输入界面

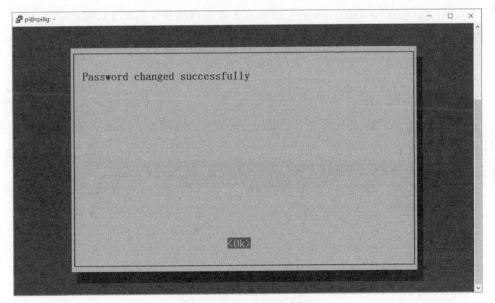

图 2-27　密码修改成功提示

2. 网络选项设置

使用 GUI（Graphic User Interface，图形用户接口）方式进行配置网络也非常方便，如图 2-28 所示。

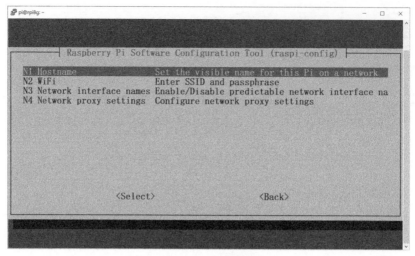

图 2-28　网络配置

各项参数的含义如下：

◆ N1 Hostname：设置主机名。默认主机名是 raspberry，可以改成用户喜欢的名字。

◆ N2 WiFi：设置 WiFi 的 SSID 信息的输入框，填入用户的 WiFi 信息即可。

◆ N3 Network interface names：启动或者禁用网络接口的配置选项。

◆ N4 Network proxy settings：设置网络代理的选项，可以设置 HTTP 代理、HTTPS 代理、FTP 代理、RSYNC 代理等。

3. 启动选项设置

可以设置启动时进入桌面或者字符模式，以及配置开机画面的选项，如图 2-29 所示。

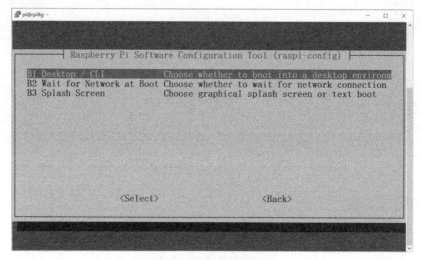

图 2-29　启动选项设置

各项参数的含义如下:

◆ B1 Desktop/CLI: 设置启动到桌面还是启动到字符界面。有时用户需要树莓派以占用非常少量资源的模式运行,就需要进入字符界面,也就是 CLI(Command Line)模式。

◆ B2 Wait for Network at Boot: 这个选项开启后,树莓派启动时会等待网络成功连接后再继续启动。有时用户做了一些物联网应用,希望设备在联网的状态下才正常运行应用程序,就需要等待网络连接成功再启动。这个功能很有用,后面一些应用就可以加上这个功能来辅助。

◆ B3 Splash Screen: 开机画面是否启用。如果启用就会看到开机时有个背景图,显示一个好看的树莓派系统界面;如果不启用,开机时就会显示整个启动序列,更加直观地了解树莓派的启动过程。

4. 本土化设置(字符集及语言设置)

本土化设置用于调整字符集、时区、键盘映射布局,以及 WiFi Country 信息等,设置界面如图 2-30 所示。

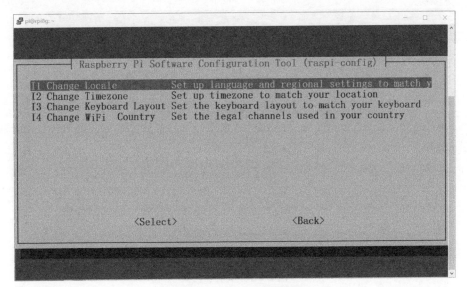

图 2-30　本土化设置界面

各项参数的含义如下:

◆ I1 Change Locale: 更改字符集。建议选择 en_US.UTF-8 编码格式,使用 UTF-8 编码格式一般情况下是不会出现乱码的,如图 2-31 所示。一般默认字符集也选择一样的配置即可，默认字符集配置如图 2-32 所示。

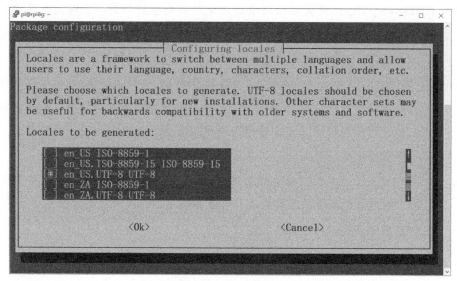

图 2-31　字符集定义

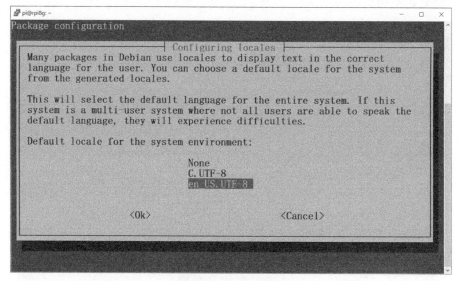

图 2-32　默认字符集

◆　I2 Change Timezone：更改时区。数据存储时时间戳很重要，因此计算机时间信息的正确与否会影响数据安全性，所以需更改到用户所在的时区，如图 2-33 和图 2-34 所示。

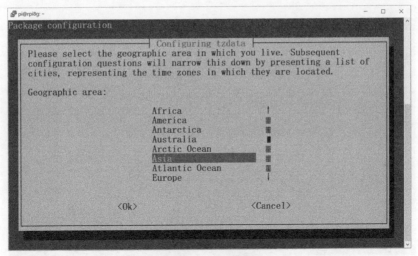

图 2-33　区域设置

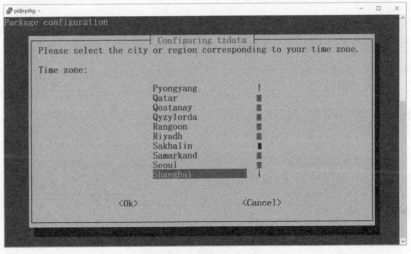

图 2-34　具体时区设置

◆ I3 Change Keyboard Layout：更改键盘布局。关于键盘布局，笔者曾经也遇到很多麻烦，当设置键盘布局的区域信息时没有设置对，导致在终端输入时，管道符"|"和输入输出重定向符号">>"无法正常输入，终于找到原因是因为选择了英标的键盘布局。建议大家选择美标的键盘。

◆ I4 Change WiFi Country：更改 WiFi 国家。强调一下，这里的 WiFi Country 选择 CN China，如图 2-35 所示。WiFi Country 非常重要，它是设置了一个合法的 WiFi 通道以适应国情，在配置初期如果没有定义好 WiFi Country 的信息，很有可能网络连接后时断时续，甚至无法联网。

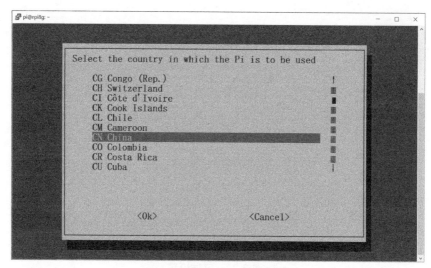

图 2-35　WiFi Country 设置

5. 接口选项设置（开启或者关闭接口）

接口选项是配置树莓派硬件功能最多的地方，例如摄像头接口、SPI 接口、I^2C 接口、串口等，都可以直接在这里配置物理特性的启用和关闭，可配置选项如图 2-36 所示。

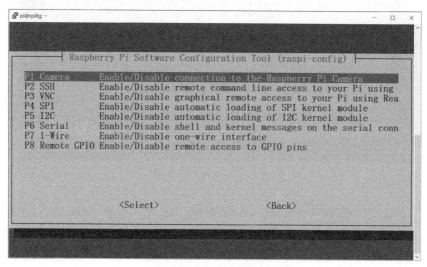

图 2-36　接口选项设置

接口如下：

◆　P1 Camera：摄像头接口。

◆　P2 SSH：SSH 服务。

◆ P3 VNC：VNC 服务。

◆ P4 SPI：SPI 接口。

◆ P5 I^2C：I^2C 接口。

◆ P6 Serial：串口。

◆ P7 1-Wire：单总线接口。一般用来接单总线协议的设备，例如温度传感器 DS18B20。

◆ P8 Remote GPIO：远程访问 GPIO 接口。

接口启用的方法非常简单，进入相应的选项，选择 enable 就可以了，部分物理接口启用后需要重新启动树莓派才生效。

6. 超频设置

超频设置仅适用于树莓派 1 代或者树莓派 2 代产品，树莓派 4B 无法使用，如图 2-37 所示。

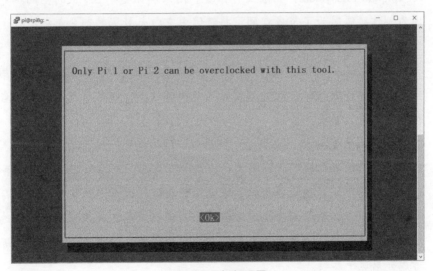

图 2-37　超频设置

7. 高级设置

高级设置可以扩展文件系统，调整屏幕显示，进行内存分割，调整音频、分辨率、屏保等设置，如图 2-38 所示。

高级选项多是针对树莓派系统层面的设置，大部分情况下建议保持默认即可，如果有兴趣的用户可以尝试调试，但是对于初级用户，建议不要随便修改，避免出现不可预见的错误。

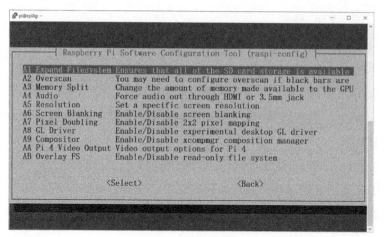

图 2-38   高级设置

部分选项含义如下：

◆ A1 Expand Filesystem：扩展文件系统。用来确保整个 SD 卡的空间都可使用，因为制作镜像时为了节省空间，将镜像中空白无数据的部分都缩减掉了，这样制作出来的镜像文件才会比较小，方便网络传输并且适应不同容量的 SD 卡。当烧录完系统后，需要它执行后将整个 SD 卡的空间都识别出来并且利用起来，当然这个操作在开机自动初始化时已经执行过了，如果用户不放心或者想要执行一下也是无害的。

◆ A2 Overscan：过扫描。在某些电视机中，过扫描是一种行为，其中输入图片的一部分显示在屏幕的可视范围之外。之所以存在，是因为 20 世纪 30 年代到 21 世纪初期的阴极射线管电视机的视频图像在屏幕边界内的定位方式上存在很大差异。后来，在图像周围出现黑色边缘的视频信号已成为惯例。这个选项是针对一些很老的显示设备，如果是现在比较先进的电视机作为显示器，那么无须考虑开启这个参数。

◆ A3 Memory Split：内存分割。这个功能允许通过改变分配给 GPU 的内存来调整显存的大小，建议根据实际物理内存的数量来进行分割，并且是 2 的幂次方倍数，例如 16、32、64、128 等。GPU 拥有的内存越多，图形处理速度越快，反之亦然，这样就可以根据实际应用进行调试了。例如某用户要做图像渲染，用到 GPU 多一些，那么就多分配一些内存给它，总的内存不能超过物理内存，如图 2-39 所示。

8. 更新

更新选项和在终端使用命令 sudo apt-get update 拥有相同的效果。

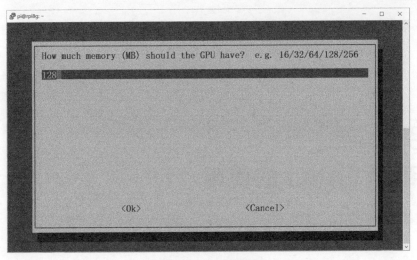

图 2-39 内存分割

9. 关于配置工具说明

这是一个介绍工具的说明信息，如图 2-40 所示。这个工具直接有效，非常方便，希望读者记住使用它的命令：sudo raspi-config。

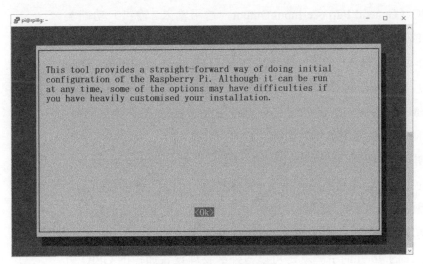

图 2-40 关于工具说明

至此，从安装到初始化的操作已经完成了，接下来开始尝试在终端中获取树莓派的各种信息，了解树莓派系统结构及编程环境。

第 3 章
树莓派 GPIO 的使用

3.1　GPIO 的概念及相关库的使用方法

　　GPIO（General Purpose Input/Output，通用输入 / 输出）功能类似 8051 的 P0~P3，其引脚可以供使用者通过程序控制并自由使用，引脚可作为通用输入（GPI）或通用输出（GPO）或通用输入 / 输出（GPIO），例如作为 CLK 时钟生成器、片选等，甚至有的引脚可以实现 PWM（Pulse Width Modulation，脉冲宽度调制），简称脉宽调制。

　　PWM 是将模拟信号转换为脉冲波的一种技术，一般转换后脉冲波的周期固定，但脉冲波的工作周期会依模拟信号的大小而改变。在日常的生活中会在很多场合用到 PWM 技术，小到声音的控制，大到工业系统，抑或是电信和数据通信电源等。常见的呼吸灯的控制、电机的速度控制都可以完美地使用 PWM 来实现。

　　树莓派的 40 针的引脚就是可以与外部物理设备通信的 GPIO 引脚，而且每个引脚都有特定的功能，早期的树莓派使用的是 CMOS 电平，GPIO 引脚可以容忍 5V 的电压。而新型树莓派的 GPIO 引脚是 TTL 协议的引脚，就意味着 GPIO 引脚的电平是 3.3V，只能支持 3.3V 的外设，一部分外设信号电压为 5V 的设备就需要接电阻分压后接入 GPIO 引脚。例如超声波传感器的引脚就是 5V 电平的，如果直接接入树莓派，有可能会烧毁树莓派的引脚，并且树莓派引脚的扇出能力很弱，不要接驳大功率负载设备，例如大功率的电机、舵机等。

在树莓派上使用 GPIO 有很多种方法，其中 wiringPi 的库使用比较方便。

3.2　树莓派上使用 wiringPi 库

wiringPi 是一个用 C 语言编写的库，用于访问树莓派上用于 BCM2835（Broadcom 处理器）SoC（片上系统）的 GPIO 引脚。

目前在网络上有许多的库可以访问 GPIO，例如 bcm2835、sysfs、pigpio 等。在这里，使用 wiringPi 库对树莓派的 GPIO 进行访问。

由于官方系统已经使用 Pi Zero 的库来访问 GPIO，而 wiringPi 的库由于开发者的个人原因已经被废弃（但是它依然可以很好地驱动 GPIO 引脚），因此当我们在第一次初始化系统后，在终端中输入下面命令的时候会出现一个错误提示信息，如图 3-1 所示。

```
gpio readall
```

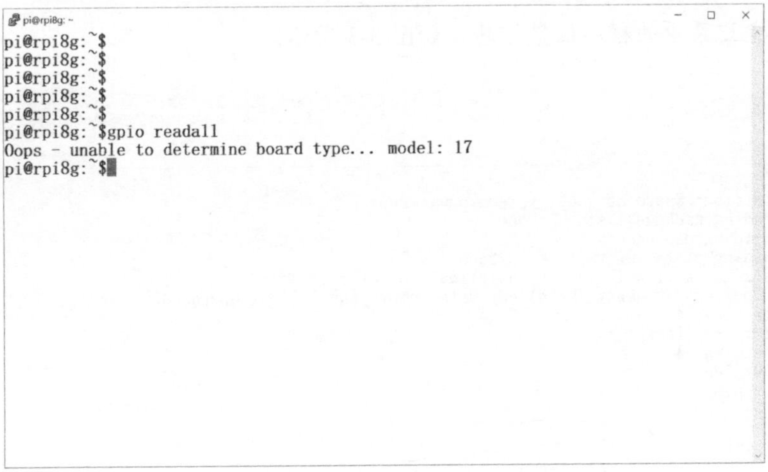

图 3-1　wiringPi 错误提示信息

提示信息的意思是无法检测板子的类型，说明系统默认安装的 wiringPi 的库是有 bug 的，因此需要将原有的 wiringPi 的库卸载并下载安装最新的库。

◆　卸载已有的库，直接在终端中输入下列命令，如图 3-2 所示。

```
sudo apt-get -y remove wiringpi
```

或者

```
sudo apt -y purge wiringpi
```

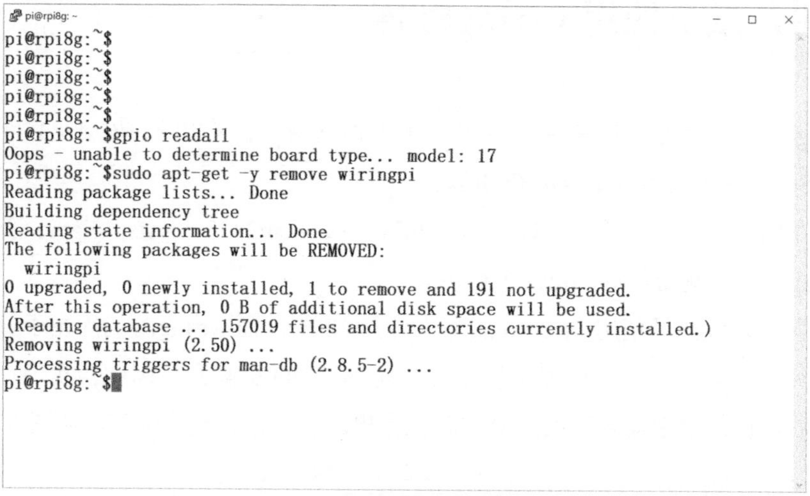

图 3-2　卸载 wiringPi

◆　清空记录中的程序位置信息，如图 3-3 所示。

```
hash -r
```

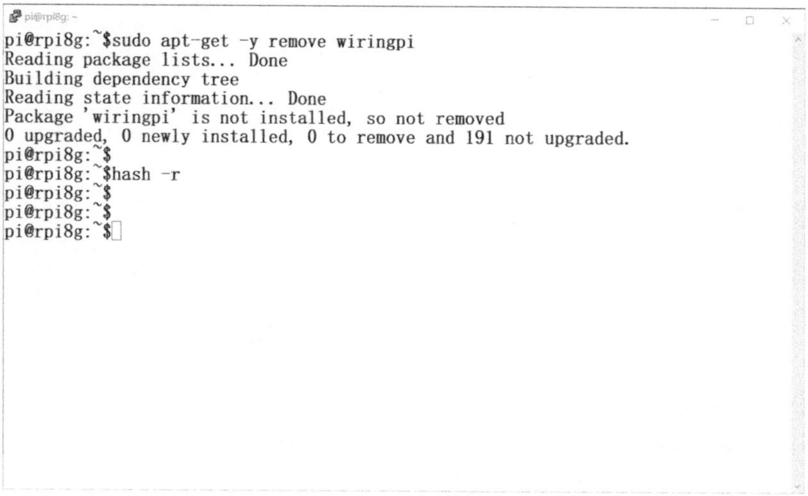

图 3-3　清空记录

◆ 下载最新的 wiringPi 库，并存放在 /tmp 目录下，然后执行安装，如图 3-4 所示。

```
cd /tmp
wget https://project-downloads.drogon.net/wiringpi-latest.deb
sudo dpkg -i wiringpi-latest.deb
```

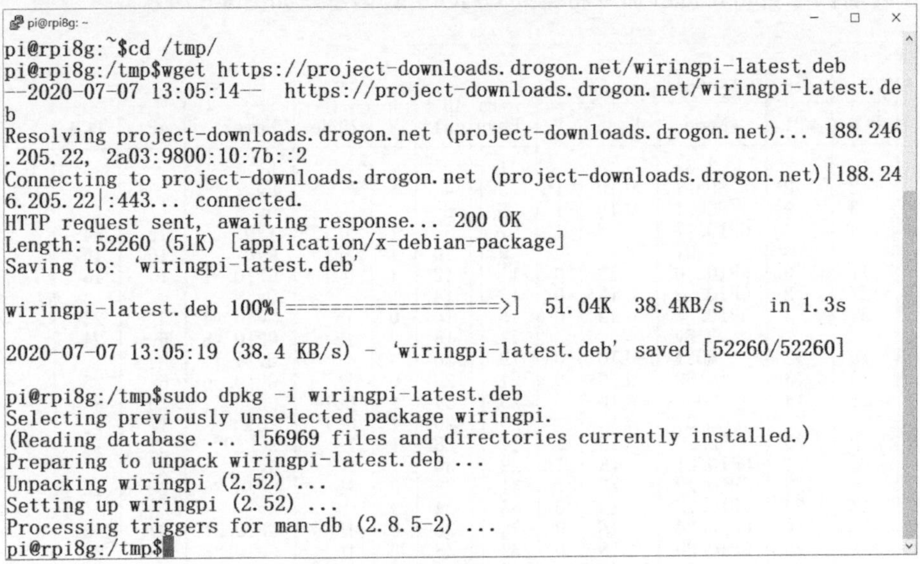

```
pi@rpi8g: ~                                                   –   □   ×
pi@rpi8g:~$cd /tmp/
pi@rpi8g:/tmp$wget https://project-downloads.drogon.net/wiringpi-latest.deb
--2020-07-07 13:05:14--  https://project-downloads.drogon.net/wiringpi-latest.de
b
Resolving project-downloads.drogon.net (project-downloads.drogon.net)... 188.246
.205.22, 2a03:9800:10:7b::2
Connecting to project-downloads.drogon.net (project-downloads.drogon.net)|188.24
6.205.22|:443... connected.
HTTP request sent, awaiting response... 200 OK
Length: 52260 (51K) [application/x-debian-package]
Saving to: 'wiringpi-latest.deb'

wiringpi-latest.deb 100%[====================>]   51.04K  38.4KB/s    in 1.3s

2020-07-07 13:05:19 (38.4 KB/s) - 'wiringpi-latest.deb' saved [52260/52260]

pi@rpi8g:/tmp$sudo dpkg -i wiringpi-latest.deb
Selecting previously unselected package wiringpi.
(Reading database ... 156969 files and directories currently installed.)
Preparing to unpack wiringpi-latest.deb ...
Unpacking wiringpi (2.52) ...
Setting up wiringpi (2.52) ...
Processing triggers for man-db (2.8.5-2) ...
pi@rpi8g:/tmp$
```

图 3-4　安装最新的 wiringPi 库

然后可以尝试用 gpio -v 命令进行测试，可以看到版本信息，如图 3-5 所示。

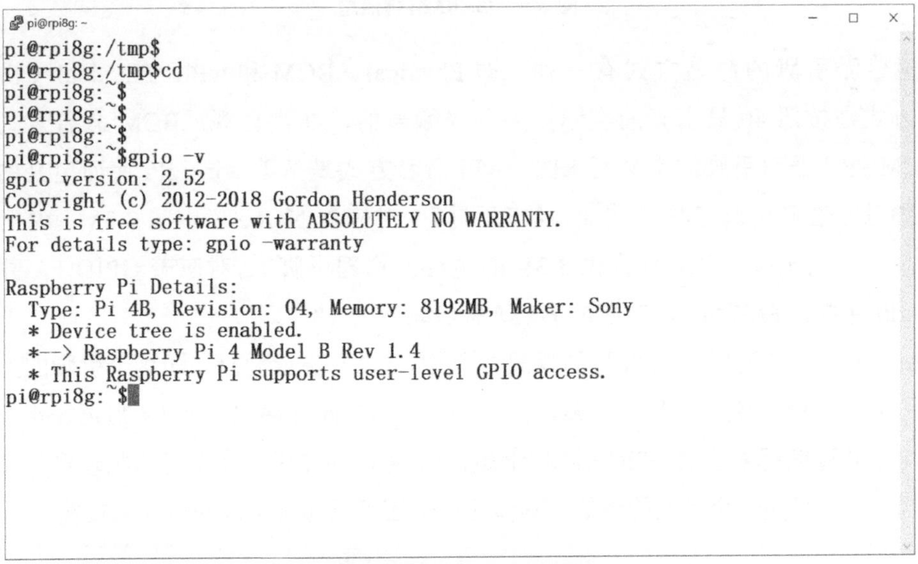

```
pi@rpi8g: ~                                                   –   □   ×
pi@rpi8g:/tmp$
pi@rpi8g:/tmp$cd
pi@rpi8g:~$
pi@rpi8g:~$
pi@rpi8g:~$
pi@rpi8g:~$gpio -v
gpio version: 2.52
Copyright (c) 2012-2018 Gordon Henderson
This is free software with ABSOLUTELY NO WARRANTY.
For details type: gpio -warranty

Raspberry Pi Details:
  Type: Pi 4B, Revision: 04, Memory: 8192MB, Maker: Sony
  * Device tree is enabled.
  *--> Raspberry Pi 4 Model B Rev 1.4
  * This Raspberry Pi supports user-level GPIO access.
pi@rpi8g:~$
```

图 3-5　wiringPi 版本信息

这样就已经识别出当前树莓派的版本信息了，即树莓派 4 Model B Rev 1.4，并且 wiringPi 库已经安装完成，可以支持使用 gpio readall 命令与其提供的有效头文件进行编程使用了。

◆　验证安装是否正确。

在终端执行 gpio readall 命令将得到 GPIO 引脚信息，如图 3-6 所示。

```
pi@rpi8g:~
pi@rpi8g:~$gpio readall
 +-----+-----+---------+------+---+---Pi 4B--+---+------+---------+-----+-----+
 | BCM | wPi |   Name  | Mode | V | Physical | V | Mode |  Name   | wPi | BCM |
 +-----+-----+---------+------+---+----++----+---+------+---------+-----+-----+
 |     |     |    3.3v |      |   |  1 || 2  |   |      | 5v      |     |     |
 |   2 |   8 |   SDA.1 | ALT0 | 1 |  3 || 4  |   |      | 5v      |     |     |
 |   3 |   9 |   SCL.1 | ALT0 | 1 |  5 || 6  |   |      | 0v      |     |     |
 |   4 |   7 |  GPIO.7 |   IN | 1 |  7 || 8  | 1 | ALT5 | TxD     | 15  | 14  |
 |     |     |      0v |      |   |  9 || 10 | 1 | ALT5 | RxD     | 16  | 15  |
 |  17 |   0 |  GPIO.0 |   IN | 0 | 11 || 12 | 1 |  OUT | GPIO.1  |  1  | 18  |
 |  27 |   2 |  GPIO.2 |   IN | 0 | 13 || 14 |   |      | 0v      |     |     |
 |  22 |   3 |  GPIO.3 |   IN | 0 | 15 || 16 | 0 |   IN | GPIO.4  |  4  | 23  |
 |     |     |    3.3v |      |   | 17 || 18 | 0 |   IN | GPIO.5  |  5  | 24  |
 |  10 |  12 |    MOSI | ALT0 | 0 | 19 || 20 |   |      | 0v      |     |     |
 |   9 |  13 |    MISO | ALT0 | 0 | 21 || 22 | 0 |   IN | GPIO.6  |  6  | 25  |
 |  11 |  14 |    SCLK | ALT0 | 0 | 23 || 24 | 1 |  OUT | CE0     | 10  |  8  |
 |     |     |      0v |      |   | 25 || 26 | 1 |  OUT | CE1     | 11  |  7  |
 |   0 |  30 |   SDA.0 |   IN | 1 | 27 || 28 | 1 |   IN | SCL.0   | 31  |  1  |
 |   5 |  21 | GPIO.21 |   IN | 1 | 29 || 30 |   |      | 0v      |     |     |
 |   6 |  22 | GPIO.22 |   IN | 1 | 31 || 32 | 0 |   IN | GPIO.26 | 26  | 12  |
 |  13 |  23 | GPIO.23 |   IN | 0 | 33 || 34 |   |      | 0v      |     |     |
 |  19 |  24 | GPIO.24 |   IN | 0 | 35 || 36 | 0 |   IN | GPIO.27 | 27  | 16  |
 |  26 |  25 | GPIO.25 |   IN | 0 | 37 || 38 | 0 |   IN | GPIO.28 | 28  | 20  |
 |     |     |      0v |      |   | 39 || 40 | 0 |   IN | GPIO.29 | 29  | 21  |
 +-----+-----+---------+------+---+----++----+---+------+---------+-----+-----+
 | BCM | wPi |   Name  | Mode | V | Physical | V | Mode |  Name   | wPi | BCM |
 +-----+-----+---------+------+---+---Pi 4B--+---+------+---------+-----+-----+
pi@rpi8g:~$
```

图 3-6　GPIO 引脚信息

树莓派引脚的命名方式有三种，即 Physical、BCM 和 wPi。Physical（物理）命名方式是按照 40 只引脚的实际排列顺序编号的，非常直观；BCM 命名方式是依据 BCM 处理器对引脚的定义而来的；wPi 命名方式是基于 wiringPi 库而定义的。每个引脚对应着其引脚名称，例如，物理引脚 1 对应着 Name 栏中的 3.3V，说明这个引脚是一个电源脚，并对外提供 3.3V 的电源；物理引脚 12 对应着 GPIO.1，并且在 wiringPi 库中的命名为 1，对应的 BCM 命名编号为 18。

Mode 栏用来说明当前引脚的模式。其中，OUT 表示输出，即这个引脚的方向是输出方向，也就是说，信号从树莓派内部通过 GPIO 向外输出；而 IN 则正好相反。树莓派可以通过编程来获取 GPIO 引脚上的电平信号，并加以判断即可与物理设备完成通信。当然，这里是一个广义的通信，具体的通信还可以通过不同的协议来实现。

3.3　如何利用 wiringPi 优雅地点亮一个 LED 灯

3.3.1　硬件材料准备

硬件材料如下：

◆　面包板一个。

◆　杜邦线若干。

◆　LED 灯若干（LED 灯也称为发光二极管）。

◆　220Ω 电阻若干。

3.3.2　接线方式

将 LED 灯、电阻、杜邦线等按照图 3-7 所示连接。

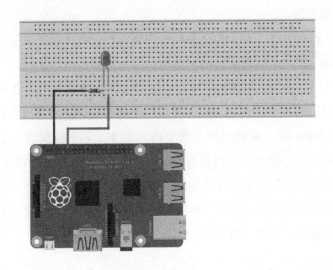

图 3-7　LED 接线方式

注意： 图 3-7 所示是 fritzing 开源软件电路布局示意图，由于树莓派 2B 以后型号的 GPIO 引脚定义均为 40Pin 布局，并且功能排布一致，因此这里使用了树莓派 2B 作为示意图，其中黑色（左侧）为 GND，蓝色（右侧）接驳至树莓派 BCM18 号引脚，物理引脚为 12 号引脚。

3.3.3　编写代码测试

俗话说，条条大路通罗马，可以点亮 LED 的方式非常多。例如，如果会使用 Shell 脚本，直接通过下面的命令就可以点亮 LED 灯，例如通过 Putty 软件远程连接到树莓派，然后直接输入下列命令：

```
gpio mode 1 out
while true
do
gpio write 1 1
sleep 1
gpio write 1 0
sleep 1
done
```

当按下 Enter 键后，可以看到 LED 灯以 1Hz 的频率在闪烁，终止这个循环的方法是按下 Ctrl+C 组合键。

这样写代码就可以了吗？并不是，在终端输入的命令并不方便用户进行代码调试，一旦一条语句写错，改动起来非常不方便，因此需要将编写的代码存入文本中，在一个文本中编写代码，不仅可以便于分享，也可以方便代码调试，找出 bug 并清除它。

通过远程 SSH 连接到树莓派后，打开一个编辑窗口，本书推荐读者使用的编辑器为 vim.tiny。 vim.tiny 是 vi 编辑器的一款小巧的版本，非常轻量级，是一个全屏编辑器。大部分的 Linux 发行版中一般都会自带 vi 编辑器，如果需要使用更强大的 vi 功能，可以使用各个发行版自带的包管理器进行安装。

在树莓派中安装 vim，可以在确保树莓派已经正确联网的情况下通过命令行输入下面的命令进行安装，操作如图 3-8 所示。

```
sudo apt-get update &&  sudo apt-get -y install vim
```

或

```
sudo apt -y install vim
```

其中，&& 表示前一条命令执行成功后才会执行后一条命令，否则不执行后面的命令。

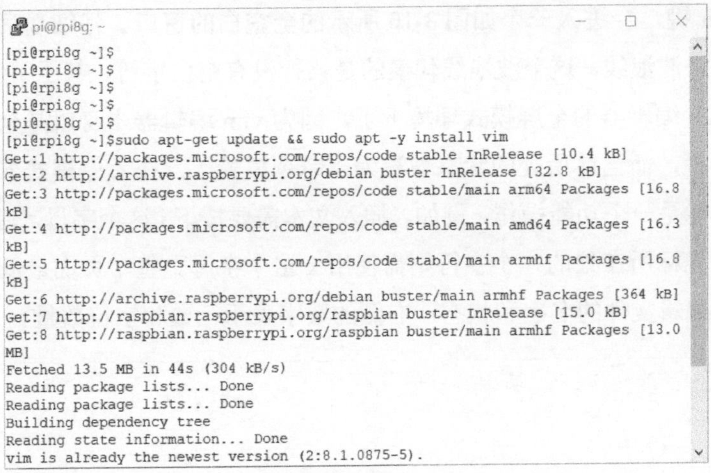

图 3-8　安装 vim 命令

　　软件安装完成后，就可以通过执行 vim 加文件名的方式进行文档的创建和编辑工作了。需要注意的是：当 vim 后面添加的文件名不存在时，将会新建同名的文件；如果该文件已经存在则会打开该文件进行编辑，在编辑文件时请注意当前工作路径，避免出现找不到自己编辑的文件的尴尬情况。

　　下面创建一个名为 blink.py 的文件，通过编辑该文件实现 LED 灯的控制。可能会有读者觉得点亮 LED 灯实在太没有挑战性了，殊不知一般情况下，大部分的工程师在拿到任何一个开发板的第一个项目总是去尝试点亮一个 LED 灯，常常被戏称为"一灯大师"。这其实是大家的不宣之密，因为所有的 GPIO 的入门操作的学习，大都是从点亮一个 LED 灯开始的。

　　在终端中输入 vim blink.py，如图 3-9 所示。

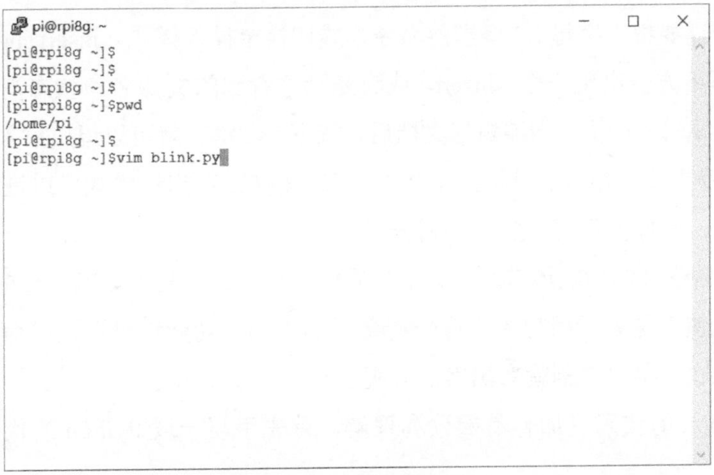

图 3-9　vim 编辑命令

　　按下 Enter 键，会进入一个如图 3-10 所示的全空白的窗口。仔细观察，发现每一行的行首都有一个波浪线，这个波浪线代表的是该行没有空白字符，甚至不包含一个空格。此时已经在 vim 编辑器的全屏模式环境下了，因为 vim 编辑器本身就是全屏编辑器，默认看不到菜单栏，而当前所处的状态被称为"命令模式"，在命令模式下，按键上的每个字母都有可能是一个功能操作。例如，插入文本需要按下 i 这个字母，追加是 a 这个字母，删除当前光标所在处的一个字符则需使用 x 这个字母。整个页面最低端是状态栏，显示了当前所编辑文件的名字和状态，右侧的数字表示行数和字符数量。

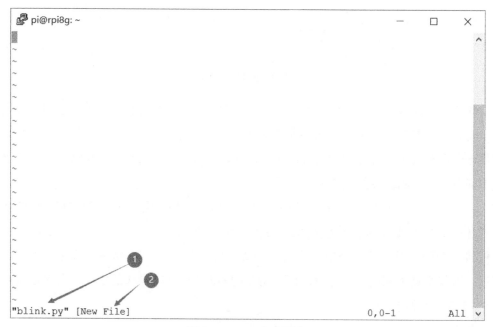

图 3-10　vim 命令模式

　　接下来，需要按下字母 i，将当前命令模式切换至插入模式（insert mode），在插入模式下，屏幕下方会出现一个 <insert> 或者是刚才看到的文件名和状态消失了，这时已经可以自由地编辑文档了。当编辑好文档后，按下 Esc 键，就可以退出插入模式，回到命令模式。在命令模式下输入 :（冒号），会进入末行模式，在末行模式可以进行"保存""另存为"等操作，具体操作可在实践中慢慢学习。

　　vim 编辑器强大的功能还有很多，用户慢慢积累就会成为不依赖鼠标的"键盘侠"，此处的"键盘侠"是表示用户未来操作树莓派的大部分功能都可以通过命令行实现，再配上终端的绿底白字，立刻就有黑客的既视感！

　　鉴于 Python 的代码更加容易阅读和理解，首先手写一段 Python 的代码来点亮一个

LED 灯。实现过程中要用到 Python 的一个库 RPi.GPIO，如果这个库没有安装，可以通过终端输入：

```
pip3 install RPi.GPIO
```

或

```
sudo apt -y install python3-rpi.gpio
```

此时，按下 Enter 键就可以进行安装，安装完成后，就可以编写一个 Python 的测试代码，如图 3-11 所示。

```
pi@rpi8g: ~                                    —    □    ×
import RPi.GPIO as GPIO
import time

GPIO.setwarnings(False)
GPIO.setmode(GPIO.BOARD)

LED = 12
GPIO.setup(LED, GPIO.OUT)


try:
    while True:
        GPIO.output(LED, GPIO.LOW)
        time.sleep(1)
        GPIO.output(LED, GPIO.HIGH)
        time.sleep(1)
except KeyboardInterrupt:
    print("STOP")
    GPIO.cleanup()

~
"blink.py" 22L, 326C                    1,1              All
```

图 3-11　测试代码

图 3-11 中，GPIO.setmode（GPIO.BOARD）是设置以 GPIO 的物理引脚名称来命名接口；LED=12 表示从树莓派的物理引脚 1 号开始直到物理引脚 12 号（对应 wPi 命名方式的 1 号引脚）；GPIO.setup（）函数是进行引脚输出方向定义的函数；GPIO.output（）函数的作用是对引脚进行高低电平的操作。

可能还有一些用户希望通过编写 C 语言的代码来实现，在树莓派上也是可以的，而且效率可能更高一些，下面就通过 C 语言来实现一个小的电灯项目。用户可以在自己的主目录中创建一个新的目录 democode_c，然后进入该目录来创建自己的 C 代码，操作如图 3-12 所示。

```
mkdir ~/democode_c
cd democode_c
vim led.c
```

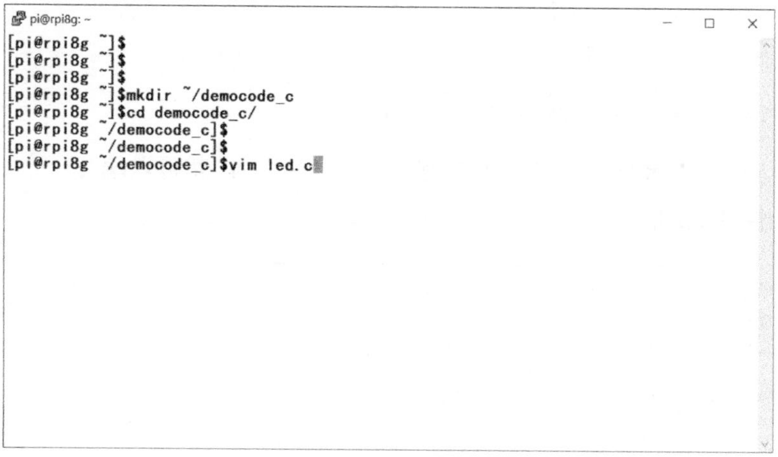

图 3-12　命令操作

打开后，按下字母 i，然后写入如图 3-13 所示的代码。

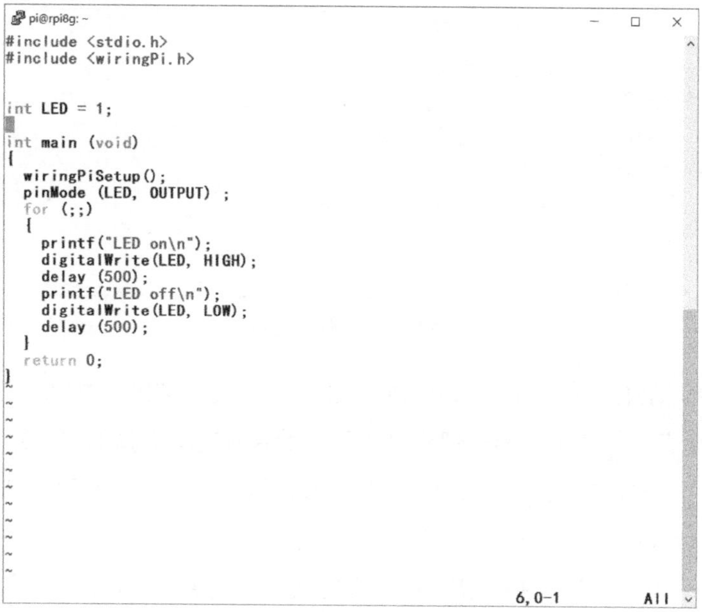

图 3-13　LED 的 C 代码

编辑完成后，按下 Esc 键，输入"：wq"，保存后退出，并通过以下两条命令进行
编译和执行：

```
gcc -o blink -lwiringPi led.c
sudo ./blink
```

在终端中就会看到打印的 LED 灯状态信息，如图 3-14 所示。

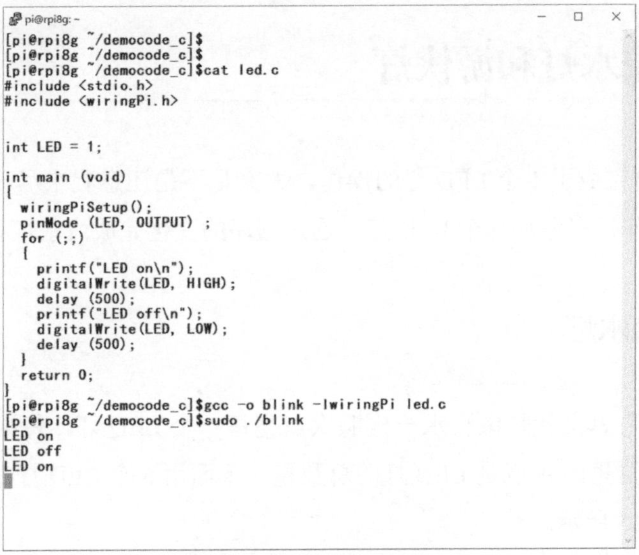

```
pi@rpi8g: ~
[pi@rpi8g ~/democode_c]$
[pi@rpi8g ~/democode_c]$
[pi@rpi8g ~/democode_c]$cat led.c
#include <stdio.h>
#include <wiringPi.h>


int LED = 1;

int main (void)
{
  wiringPiSetup();
  pinMode (LED, OUTPUT) ;
  for (;;)
  {
    printf("LED on\n");
    digitalWrite(LED, HIGH);
    delay (500);
    printf("LED off\n");
    digitalWrite(LED, LOW);
    delay (500);
  }
  return 0;
}
[pi@rpi8g ~/democode_c]$gcc -o blink -lwiringPi led.c
[pi@rpi8g ~/democode_c]$sudo ./blink
LED on
LED off
LED on
```

图 3-14　blink 执行结果

观察面包板，会发现 LED 灯已经在有规律地闪烁了。

所写入的 C 语言代码分析如下：

#include <wiringPi.h>，包含了 wiringPi.h 的头文件，里面有预设的函数，可以通过 C 语言来操作 GPIO 引脚。

在 main 函数里添加的第一句：wiringPiSetup()，用于初始化 wiringPi 的环境。如果想要调用 wiringPi 的库来操作树莓派，必须要先初始化环境，当初始化成功后，就可以使用 wiringPi.h 头文件里面的函数对引脚进行控制了。

紧接着是子句 pinMode（LED，OUTPUT），用于设置引脚的输出方向。其对应的常用可选参数有 OUTPUT 和 INPUT。 此外，还有别的输入 / 输出方式，例如引脚上拉或下拉，该部分内容将在后续章节中详述。

函数 digitalWrite（LED，HIGH），用于操作引脚的高低电平变化，从而间接控制 LED 的状态。第一个参数对应 wPi 引脚编号；第二个参数 HIGH 表示拉高引脚的电平，如果换成 LOW 则表示拉低引脚的电平。

在编译上述代码时，因为调用了 wiringPi 的库文件，所以需要在编译参数中加入一条声明信息：-lwiringPi 。在执行编译后生成的二进制文件时，由于操作的是硬件设备底层的文件，所以可能会遇到权限问题，因此在命令的前方添加了 sudo 这个命令，意思是使用 root 用户的权限来临时提升操作权限，使之能够正常运行并调用 GPIO 硬件设备。

如果一切顺利，用户应该已经点亮了第一个 LED 灯，完成了"一灯大师"的试练了！

3.4 玩转流水灯和游侠灯

3.3 节的实验完成了 1 个 LED 灯的操作，大家是不是还意犹未尽呢？接下来，做点儿稍微复杂的操作，多添加几个 LED 灯，通过程序的变化完成流水灯和游侠灯。

3.4.1 流水灯

流水灯，顾名思义就是像流水一样顺次点亮每一个 LED 灯，每次都从第一个灯点亮到第 N 个灯，这里的 N 就是 LED 灯的总数量。下面用 6 个 LED 灯在面包板上连接一个电路，如图 3-15 所示。

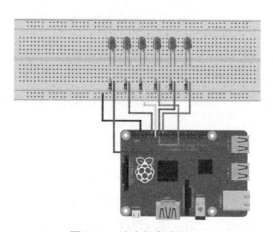

图 3-15   流水灯电路图

使用树莓派的 GPIO0~GPIO5 共 6 个引脚分别对应 6 个 LED 灯。确保线路连接正确后，开启树莓派，开启前切记要检查电路的情况，否则如果短路则会损坏树莓派。此外，千万不要贪图方便去带电插拔杜邦线，操作不当很容易导致短路，作者身边已经有很多朋友因操作失误而损坏自己的树莓派，切记！

在确认接驳无误且启动好树莓派并成功登录后，编辑一个 C 程序文件，然后输入如图 3-16 所示代码。

```
pi@rpi8g:~/democode_c $ cat streamled.c
#include <stdio.h>
#include <wiringPi.h>

int main(void)
{
        int LED[6] = {0, 1, 2, 3, 4, 5};

        wiringPiSetup();

        for(int i=0; i<6; i++){
                pinMode(i, OUTPUT);
        }

        for(;;){
            for(int i=0; i<6; i++){
                printf("LED%d On\n", i);
                digitalWrite(LED[i], HIGH);
                delay(100);
                printf("LED%d Off\n", i);
                digitalWrite(LED[i], LOW);
            }
        }
        return 0;
}
pi@rpi8g:~/democode_c $
```

图 3-16　流水灯代码

在终端中输入下面的命令进行编译并执行：

```
gcc -o streamled -lwiringPi streamled.c
sudo ./streamled
```

这里的关键就是 LED 灯点亮后，等待 100ms 再关闭，通过视觉暂留效应，人眼看到的灯就像流水一般划过每个 LED，往一个方向涌动。机场停机坪上的降落引导灯，就是这样向一个方向流动的。

3.4.2　游侠灯

流水灯是单方向流动的，只要稍稍改动代码，就可以实现《霹雳游侠》车头灯的效果。游侠灯的效果如图 3-17 所示。

图 3-17　霹雳游侠车灯

游侠灯是在灯流动的整个过程中,全程在一个特定时刻只有一个灯亮着,点亮一瞬间就熄灭,下一刻下一个灯点亮一瞬间再熄灭,如此往复来回切换,期间每次只亮起一盏灯,其他灯都是熄灭状态,看起来就非常酷。

游侠灯的特点是 LED 灯的点亮过程是来回波动的,就是从 1 号灯逐个亮至 6 号灯,然后从 6 号灯逐个再亮至 1 号灯,如此反复。在代码中,需要更改一小部分内容来实现这个功能,如图 3-18 所示。

```
pi@rpi8g:~/democode_c $
pi@rpi8g:~/democode_c $ cat knight_rider.c
#include <stdio.h>
#include <wiringPi.h>

int main(void)
{
        int LED[6] = {0,1,2,3,4,5};

        wiringPiSetup();

        for(int i=0; i<6; i++){
                pinMode(i, OUTPUT);
        }

        for(;;){
            for(int i=0; i<6; i++){
                printf("LED%d On\n", i);
                digitalWrite(LED[i], HIGH);
                delay(100);
                printf("LED%d Off\n", i);
                digitalWrite(LED[i], LOW);
            }
            for(int i=5; i>=0; i--){
                printf("LED%d On\n", i);
                digitalWrite(LED[i], HIGH);
                delay(100);
                printf("LED%d Off\n", i);
                digitalWrite(LED[i], LOW);
            }
        }
        return 0;
}
pi@rpi8g:~/democode_c $ 
```

图 3-18　游侠灯代码

观察代码,只需要反过来执行一遍 LED 灯的操作即可。实验成功后,读者可以开启脑洞,尝试更多不同的点灯效果。比如,如何实现只点亮奇数位的灯?如何同时点亮奇数位的灯,然后熄灭,再同时点亮偶数位的灯?至此,针对树莓派 GPIO 引脚的简单操作,读者已经掌握了,继续努力,每天进步一点点儿,很快就可以成为树莓派技术大拿了!

第 4 章
树莓派中 I²C 功能的使用

4.1 I²C 的概念

I²C（Inter-Integrated Circuit，集成电路）总线，是一种串行通信总线，使用多主从架构，由飞利浦公司在 1980 年开发，主要是为了让主板、嵌入式系统或者手机用来连接低速的周边设备，设备连接如图 4-1 所示。

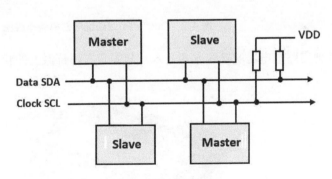

图 4-1 I²C 接线图

树莓派一般情况下是充当着主机（Master）的角色，从机（Slave）一般都是传感器、屏幕等。用户可以通过两根线来进行数据通信：一根是 SDA（数据线）；另一根是 SCL，通常用来设置时钟。

4.2　I²C 实战小项目

下面就以 DockerPi 四路继电器模块作为案例，简单演示一下通过 I²C 的操作来控制继电器，实现智能家居硬件控制的一个小项目。

4.2.1　接线方式

将模块像 Hat 板一样扣入树莓派的 GPIO，并将继电器上的 NO（Normal Open）常开引脚接入电灯的火线，这个操作建议在有电工基础的专业人员参与下完成，避免触电。COM（地线）接入电灯的零线。连接方法如图 4-2 所示。

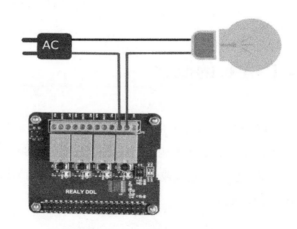

图 4-2　DockerPi 四路继电器模块接线图

其他三路继电器的接线方式一致。其固定在树莓派上的状态如图 4-3 所示。

图 4-3　DockerPi 四路继电器模块安装图示

4.2.2 启用 I²C 配置

将电源插头插入插线板，并启动树莓派，登录后打开一个终端，在终端中输入如下
命令：

```
sudo raspi-config
```

按下 Enter 键，在出现的 GUI 界面（图形用户界面）中通过上下按键选择接口选项（3
Interface Options），如图 4-4 所示。

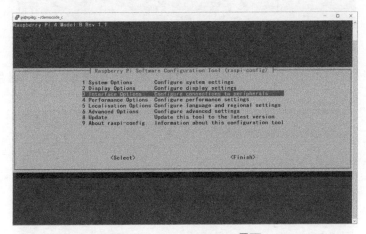

图 4-4　raspi-config tool 界面

在弹出的窗口中选择 I²C 选项（P5 I2C），如图 4-5 所示。

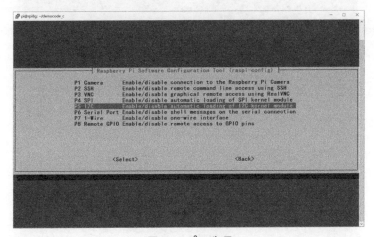

图 4-5　I²C 选项

在提示是否启用 I²C 的页面，选择 Yes，如图 4-6 所示。

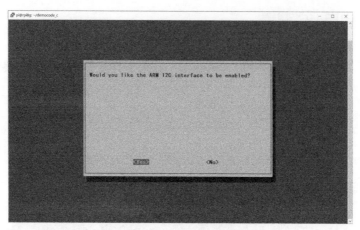

图 4-6　启用 I²C 确认页面

然后选择 OK，并用 Tab 键切换热区到 Finish 退出，如图 4-7 和图 4-8 所示。

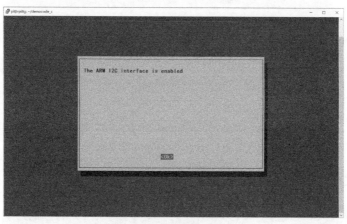

图 4-7　状态确认页

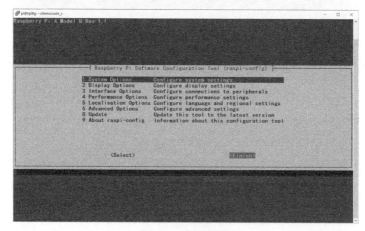

图 4-8　退出页面

退出后，可以通过下列命令查看是否已经开启了 I²C 功能：

```
sudo grep i2c /boot/config.txt
```

如果显示内容如图 4-9 所示，即表示配置成功。

```
pi@rpi8g:~/democode_c $ sudo grep i2c /boot/config.txt
dtparam=i2c_arm=on
```

图 4-9　启动 I²C 参数

4.2.3　检测 Slave 设备状态

接下来需要通过 i2c-tools 工具来进行检查，查看树莓派是否已经识别了接驳的 Slave 设备。i2c-tools 工具的安装可以通过如下命令实现：

```
sudo apt update
sudo apt -y install i2c-tools
```

安装完成后，就可以直接利用下面的工具进行检测：

```
sudo i2cdetect -y 1
```

上述命令用来遍历整个总线，检查当前连接在该总线上的 I²C 设备，并显示出被检测到设备的 I²C 寄存器地址，结果如图 4-10 所示。图中，显示为 10，表示该设备地址为 0x10。

```
pi@rpi8g:~/democode_c $ sudo i2cdetect -y 1
     0 1 2 3 4 5 6 7 8 9 a b c d e f
00:          -- -- -- -- -- -- -- -- --
10: 10 -- -- -- -- -- -- -- -- -- -- -- -- -- -- --
20: -- -- -- -- -- -- -- -- -- -- -- -- -- -- -- --
30: -- -- -- -- -- -- -- -- -- -- -- -- -- -- -- --
40: -- -- -- -- -- -- -- -- -- -- -- -- -- -- -- --
50: -- -- -- -- -- -- -- -- -- -- -- -- -- -- -- --
60: -- -- -- -- -- -- -- -- -- -- -- -- -- -- -- --
70: -- -- -- -- -- -- -- --
pi@rpi8g:~/democode_c $
```

图 4-10　继电器模块寄存器地址

4.2.4　查询寄存器表并简单测试

在编程前，需要访问该产品的官方维基百科的链接，并且整理出可用来进行程序控制的寄存器信息，因为该模块是有官方寄存器信息表的，需要通过官方 wiki 链接提供的信息查询继电器模块通道对应的寄存器值。通过对该模块的 wiki 的查询，发现它的四路继电器的寄存器地址和值的对应表如表 4-1 所示。

表 4-1   DockerPi 四路继电器的寄存器映射表

寄存器地址	对应功能区	值
0x01	1 号继电器	0(OFF)；1 或者 255(ON)
0x02	2 号继电器	0(OFF)；1 或者 255(ON)
0x03	3 号继电器	0(OFF)；1 或者 255(ON)
0x04	4 号继电器	0(OFF)；1 或者 255(ON)

通过以下命令打开 1 号继电器：

```
sudo i2cset -y 1 0x10 0x01 0xFF
```

其意义为通过 i2cset 命令向 1 号总线上的 0x10 地址的 0x01 寄存器位置写入 0xFF（也可以用 255 表示）来控制 1 号继电器打开。关闭则使用下面的命令来执行：

```
sudo i2cset -y 1 0x10 0x01 0x00
```

通过命令行简单控制后，就可以尝试编写代码来进行控制测试了。

4.2.5   编写 C 语言测试代码

简单编写一段 C 语言代码来实现测试，如图 4-11 所示。

```
pi@rpi8g:~/democode_c $
pi@rpi8g:~/democode_c $ cat relay.c
#include <stdio.h>
#include <wiringPi.h>
#include <wiringPiI2C.h>

#define DEVCIE_ADDR  0x10
#define RELAY1   0x01
#define RELAY2   0x02
#define RELAY3   0x03
#define RELAY4   0x04
#define ON       0xFF
#define OFF      0x00

int main(void){
    printf("Turn on Relays in C\n");
    int fd;
    int i = 0;
    fd = wiringPiI2CSetup(DEVICE_ADDR);
    for(;;){
        for (i=1; i<=4; i++){
            printf("turn on relay No.%d\n", i);
            wiringPiI2CWriteReg8(fd, i, ON);
            sleep(200);
            printf("turn off relay No.%d\n", i);
            wiringPiI2CWriteReg8(fd, i, OFF);
            sleep(200);
        }
    }
    return 0;
}
pi@rpi8g:~/democode_c $
```

图 4-11   继电器测试代码

代码中的内容说明如下：

```
#include <stdio.h>
#include <wiringPi.h>
#include <wiringPiI2C.h>
```

以上包含的是代码的头文件，添加了一个 wiringPiI2C.h 的头文件，提供了 I²C 的操作函数。

```
#define DEVCIE_ADDR  0x10
#define RELAY1    0x01
#define RELAY2    0x02
#define RELAY3    0x03
#define RELAY4    0x04
#define ON        0xFF
#define OFF       0x00
```

以上代码是在定义一些宏，包括继电器的地址、寄存器的地址信息以及状态等，从而使代码更易读。

```
fd=wiringPiI2CSetup(DEVICE_ADDR);
```

该子句用于初始化设备文件描述符，方便后续操作。其中在 for 循环里面操作的关键语句是：

```
wiringPiI2CWriteReg8(fd, i, ON);
```

该语句的主要作用是在遍历过程中，分别向寄存器地址的遍历增量位置写入开启或者关闭的值，从而控制设备开启或关闭继电器模块。其中，ON 就是输入 0xFF 开启它。该语句非常重要，它是实现控制的关键步骤。

最后，就是编译及运行该代码：

```
gcc -o relay -lwiringPi relay.c
sudo ./relay
```

此时，可以看到继电器挨个闪过，也可以听到继电器开合的声音。如果继电器的另一端连接了高压的设备（如电灯、电机等），则都会开始运转。

4.2.6　编写 Python 代码进行测试

如果想用 Python 来编写代码，是否也可以实现呢？答案是肯定的。很多用过 Python 开发的用户会感觉到 Python 的无所不能，其涉及的应用面简直强大到可怕，无论是网页爬虫还是嵌入式开发，或是物联网（IoT），都有它的身影。如果想要通过 Python 语言控制 I^2C 设备，那么一定需要一个库文件，它就是 smbus 或者 smbus2，关键看实际应用的 Python 版本及环境需要。安装一个 smbus 的库文件，需输入下列命令，如图 4-12 所示。

```
sudo pip3 install smbus
```

或

```
sudo apt -y install python3-smbus
```

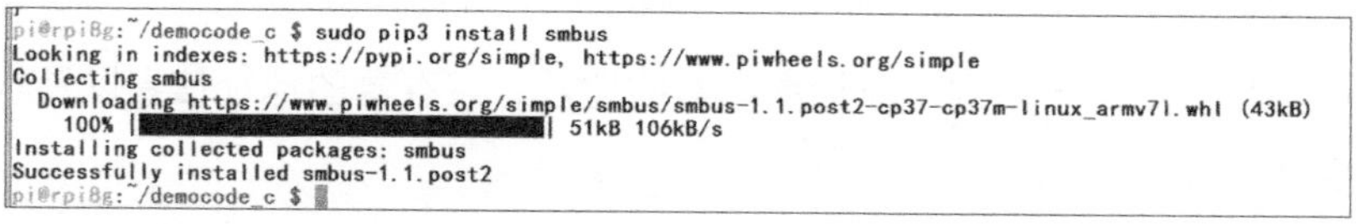

```
pi@rpi8g:~/democode_c $ sudo pip3 install smbus
Looking in indexes: https://pypi.org/simple, https://www.piwheels.org/simple
Collecting smbus
  Downloading https://www.piwheels.org/simple/smbus/smbus-1.1.post2-cp37-cp37m-linux_armv7l.whl (43kB)
    100% |████████████████████████████████| 51kB 106kB/s
Installing collected packages: smbus
Successfully installed smbus-1.1.post2
pi@rpi8g:~/democode_c $
```

图 4-12　smbus 模块安装

用 vim 编辑器创建一段代码，命名为 relay.py，填写如下内容：

```python
import time
import smbus
import sys


DEVICE_BUS = 1
DEVICE_ADDR = 0x10
bus = smbus.SMBus(DEVICE_BUS)


while True:
try:
for i in range(1, 5):
bus.write_byte_data(DEVICE_ADDR, i, 0xFF)
time.sleep(1)
        bus.write_byte_data(DEVICE_ADDR, i, 0x00)
time.sleep(1)
    except KeyboardInterrupt:
        print("Quit the loop")
        sys.exit()
```

保存好后直接执行：

```
sudo python3 relay.py
```

就可以看到和之前类似的情况出现，但是如果接的是 4 个电灯，它们依然会按照写好的代码如期交替开关着。当然这只是基本控制，当熟悉了控制原理，可以根据自己的需要进行有条件的控制，那将更加人性化和智能化。

4.2.7　关于 Python 中的 I²C 函数

在树莓派上如果想通过 Python 来进行 I²C 设备的顺利调用，需要了解下面的内容。

1. 导入 smbus 库

要使用 SMBus 模块访问 I²C 设备，首先需要导入 smbus 库。

```
import smbus
```

2. 实例化一个 SMBus 类的对象

这个步骤是要实例化一个 SMBus 类的对象，使用 I²C 协议的其他函数访问和操作这个对象。例如：

```
bus = smbus.SMBus(1)
```

这里的 bus 就是实例化的对象，它代表了树莓派的 Bus 1，也称其为总线 1。在这个总线上还有设备的地址，如获取到的寄存器地址是 3c，其十六进制数表示为 0x3c，就是后续操作设备的寄存器地址。

3. 读写操作函数

写入函数的函数原型如下：

◆　bus.write_byte_data(Device Address, Register Address, Value)

该函数就是负责将数据写入所需的寄存器地址。其中，Device Address 代表的是 7 位或者 10 位的设备地址；Register Address 代表的是这个设备上特定功能的寄存器地址，不同的寄存器地址可能实现的功能是不一样的，因此对不同的寄存器的操作会产生不一样的影响，具体需要看设备的手册是如何定义寄存器的。

例如前面的代码中：bus.write_byte_data（DEVICE_ADDR，i，0xFF），实际作用

就是向 0x10 的设备地址（DEVICE_ADDR）的寄存器地址 i 写入 0xFF 这个值。由表 4-1 可知，当 i 是 0x01 时，代表的是 1 号继电器而 0x01 寄存器如果获取的值是 0xFF（255），就意味着接通（ON）了 1 号继电器，这样就实现了通过代码控制继电器的功能。

◆ bus.write_i2c_block_data(Device Address, Register Address, [Value1, Value2,…])

该函数的作用就是通过读取寄存器的内容获取设备的信息，例如一些传感器设备的信息如温度、湿度、高度、气压、磁强计等，其最多可以写入 32 字节到设备。实际操作方法如：bus.write_i2c_block_data（0x3c，0x01，[0，1，2，3，4，5，6，7，8]），这条代码的意思是向 0x3c 这个设备地址的 0x01 寄存器中写入 9 字节的数据。

◆ bus.read_byte_data(Device Address, Register Address)

这个函数的作用是从设备地址的某个寄存器中读取信息，例如 bus.read_byte_data(0x3c, 0x01)。

◆ bus.read_i2c_block_data(Device Address, Register Address, Block of bytes)

该函数能够读取 32 字节块，其中，Block of bytes 是所需地址读取字节数。例如 bus.read_i2c_block_data(0x3c, 0x01, 16)，这条代码执行后的返回值就是从 0x3c 这个设备的 0x01 的寄存器地址读取的以 16 字节组成的列表。

当然，还有一些读取 1 字节的操作的，具体要查看一下 smbus 的官方手册，还有一些增强了 smbus 功能的模块例如 smbus2，可以上网搜索找到相关的使用说明，这里不再赘述。

4.3 使用 I²C 协议的其他应用

市面上很多的 I²C 设备都可以通过上面的方式进行接入和操作，例如 LCD1602 液晶屏模块、OLED0.91 显示屏模块、MPU6050 陀螺仪模块、BMP180 气压计模块等，很多慢速的设备都可以通过 I²C 接入并且通过其 I²C 的地址来进行控制，控制的方式就是向地址写入或者从地址读取信息然后进行处理。

4.3.1 点亮 LCD1602 液晶屏显示树莓派的 IP 地址

LCD1602 液晶屏模块是市面上非常容易买到的显示模块，也是入门最简单的显示模块，如图 4-13 所示。它是一种点阵模块，用于显示字母、数字和字符等。它由 5×8 或 5×11 点阵位置组成，每个位置可以显示一个字符。两个字符之间有一个点距，行之间有一个空格，从而将字符和行分隔开。型号 1602 表示显示 2 行，每行 16 个字符；如果型号为 2004，则表示显示 4 行，每行 20 个字符。LCD1602 可以分为 8Pin 和 4Pin 连接，使用 I²C 通信的通常都是 4Pin 的接口。LCD1602 的背面都会再焊接一个如图 4-13 所示的黑色转接模块，芯片名称为 PCF8574P，用于将 8Pin 通过芯片转换到 4Pin，提供 I²C 的从机地址。

图 4-13　LCD1602 模块

驱动这个模块，只需要将 LCD1602 的 VCC 接入树莓派 GPIO 的 3.3V 或者 5V 引脚，GND 接入树莓派 GND 引脚，SDA 接入树莓派的 SDA 引脚，SCL 接入树莓派的 SCL 引脚。接线图如图 4-14 所示。

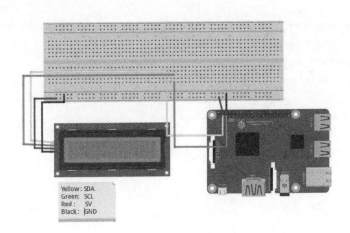

图 4-14　LCD 接线图

只要保证线缆连接正确，就可以启动树莓派，切记按照之前说明的步骤在树莓派上启用 I²C 功能。然后通过下面的命令查询树莓派上识别出来的 I²C 从设备地址：

```
i2cdetect -y 1
```

获取 LCD 被树莓派识别后的地址，本书所用系统上识别的 LCD1602 是 27，所以 0x27 是 LCD1602 的地址，读者需要根据实际情况改变代码中的"ADDRESS"部分的地址信息来进行代码的编写。利用 vim 编辑一个名为 LCD1602drv.py 的文件，将作为自己编写的 LCD1602 的库来使用，如下所示（请注意代码缩进是 4 个空格）：

```python
import smbus
from time import sleep

BUS = 1
ADDRESS = 0x27

class I2C_DEVICE:
    def __init__(self, addr, port=BUS):
        self.addr = addr
        self.bus = smbus.SMBus(port)

# write a single command
    def write_cmd(self, cmd):
        self.bus.write_byte (self.addr, cmd)
        sleep(0.001)

# Write a command and argument
def write_cmd_arg(self, cmd, data):
self.bus.write_byte_data(self.addr, cmd, data)
    sleep(0.0001)

# Write a block of data
def write_block_data(self, cmd, data):
self.bus.write_block_data(self.addr, cmd, data)
sleep(0.0001)

# Read a single byte
def read(self):
return self.bus.read_byte(self.addr)

# Read
def read_data(self, cmd):
```

```
        return self.bus.read_byte_data(self.addr, cmd)

    # Read a block of data
    def read_block_data(self, cmd):
        return self.bus.read_block_data(self.addr, cmd)

    # commands
    LCD_CLEARDISPLAY = 0x01
    LCD_RETURNHOME = 0x02
    LCD_ENTRYMODESET = 0x04
    LCD_DISPLAYCONTROL = 0x08
    LCD_CURSORSHIFT = 0x10
    LCD_FUNCTIONSET = 0x20
    LCD_SETCGRAMADDR = 0x40
    LCD_SETDDRAMADDR = 0x80

    # flags for display entry mode
    LCD_ENTRYRIGHT = 0x00
    LCD_ENTRYLEFT = 0x02
    LCD_ENTRYSHIFTINCREMENT = 0x01
    LCD_ENTRYSHIFTDECREMENT = 0x00

    # flags for display on/off control
    LCD_DISPLAYON = 0x04
    LCD_DISPLAYOFF = 0x00
    LCD_CURSORON = 0x02
    LCD_CURSOROFF = 0x00
    LCD_BLINKON = 0x01
    LCD_BLINKOFF = 0x00

    # flags for display/cursor shift
    LCD_DISPLAYMOVE = 0x08
    LCD_CURSORMOVE = 0x00
    LCD_MOVERIGHT = 0x04
    LCD_MOVELEFT = 0x00

    # flags for function set
    LCD_8BITMODE = 0x10
    LCD_4BITMODE = 0x00
    LCD_2LINE = 0x08
    LCD_1LINE = 0x00
```

```python
LCD_5x10DOTS = 0x04
LCD_5x8DOTS = 0x00

# flags for backlight control
LCD_BACKLIGHT = 0x08
LCD_NOBACKLIGHT = 0x00

En = 0b00000100 # Enable bit
Rw = 0b00000010 # Read/Write bit
Rs = 0b00000001 # Register select bit

class lcd:
#initializes objects and lcd
def __init__(self):
self.lcd_device = i2c_device(ADDRESS)

self.lcd_write(0x03)
self.lcd_write(0x03)
self.lcd_write(0x03)
self.lcd_write(0x02)

self.lcd_write(LCD_FUNCTIONSET | LCD_2LINE | LCD_5x8DOTS | LCD_4BITMODE)
self.lcd_write(LCD_DISPLAYCONTROL | LCD_DISPLAYON)
self.lcd_write(LCD_CLEARDISPLAY)
self.lcd_write(LCD_ENTRYMODESET | LCD_ENTRYLEFT)
sleep(0.2)


# clocks EN to latch command
def lcd_strobe(self, data):
self.lcd_device.write_cmd(data | En | LCD_BACKLIGHT)
sleep(.0005)
self.lcd_device.write_cmd(((data & ~En) | LCD_BACKLIGHT))
sleep(.0001)

def lcd_write_four_bits(self, data):
self.lcd_device.write_cmd(data | LCD_BACKLIGHT)
self.lcd_strobe(data)

# write a command to lcd
def lcd_write(self, cmd, mode=0):
```

```python
self.lcd_write_four_bits(mode | (cmd & 0xF0))
self.lcd_write_four_bits(mode | ((cmd << 4) & 0xF0))

# write a character to lcd (or character rom) 0x09: backlight | RS=DR<
# works!
def lcd_write_char(self, charvalue, mode=1):
self.lcd_write_four_bits(mode | (charvalue & 0xF0))
self.lcd_write_four_bits(mode | ((charvalue << 4) & 0xF0))

# put string function with optional char positioning
def lcd_display_string(self, string, line=1, pos=0):
if line == 1:
pos_new = pos
elif line == 2:
pos_new = 0x40 + pos
elif line == 3:
pos_new = 0x14 + pos
elif line == 4:
pos_new = 0x54 + pos

self.lcd_write(0x80 + pos_new)

for char in string:
self.lcd_write(ord(char), Rs)

# clear lcd and set to home
def lcd_clear(self):
self.lcd_write(LCD_CLEARDISPLAY)
self.lcd_write(LCD_RETURNHOME)

# define backlight on/off (lcd.backlight(1); off= lcd.backlight(0)
def backlight(self, state): # for state, 1 = on, 0 = off
if state == 1:
self.lcd_device.write_cmd(LCD_BACKLIGHT)
elif state == 0:
self.lcd_device.write_cmd(LCD_NOBACKLIGHT)

# add custom characters (0 - 7)
def lcd_load_custom_chars(self, fontdata):
self.lcd_write(0x40);
for char in fontdata:
```

```
for line in char:
    self.lcd_write_char(line)
```

将文件保存好，在同名的目录中再创建文件就是我们做的应用程序文件了，为了展示在 LCD1602 上不同的信息，我们来通过不同的操作熟悉这个库的使用方法。

1. 在屏幕上显示"Hello world！"字样

创建一个文件 lcd1.py，并输入如下代码：

```
import LCD1602Drv as lcd1602
from time import sleep

mylcd = lcd1602.lcd()
mylcd.lcd_display_string("Hello world!", 1)
```

保存并执行：

```
python3 lcd1.py
```

这时候会发现 LCD1602 的第一行出现了"Hello world！"字样。

这里放置文字的方法实际上是通过 mylcd.lcd_display_string 将文字写入了 LCD1602 的屏幕上，它的原型是我们在库中定义的 lcd_display_string（self, string, line=1, pos=0）这个方法，参数是字符串、行、列。在 16×2 LCD 上，行编号为 1 ~ 2，而列编号为 0 ~15 上述代码中的参数"1"，表示在第一行的 0 列开始显示文字"Hello world！"，如果想在第二行的第三列显示，则可以修改如下：

```
mylcd.lcd_display_string("Hello world!",  2, 3)
```

2. 清空屏幕

使用 mylcd.lcd_clear ( ) 函数清除屏幕，在原有的代码里面加入清除屏幕操作：

```
import LCD1602Drv as lcd1602
from time import sleep

mylcd = lcd1602.lcd()
mylcd.lcd_display_string("Hello world!", 1)

sleep(3)
```

```
mylcd.lcd_clear()

mylcd.lcd_display_string("Raspberry Pi", 1)
sleep(3)

mylcd.lcd_clear()
```

保存并执行，就会发现屏幕上第一行会先打印"Hello world！"字样，然后间隔 3s 就会消失并打印"Raspberry Pi"字样。

3. 闪烁的文字效果

利用以上两个自定义的函数，可以实现连续闪烁的文本效果，将代码作如下修改：

```
import LCD1602Drv as lcd1602
from time import sleep

mylcd = lcd1602.lcd()

try:
while True:
mylcd.lcd_display_string("Hello world!", 1)
sleep(1)
mylcd.lcd_clear()
        sleep(1)
except KeyboardInterrupt:
  mylcd.lcd_clear()
```

保存退出并执行，会发现屏幕上的"Hello world！"信息在一闪一闪地执行，如果想要中断执行，可以按下 Ctrl+C 组合键来终止程序运行。

4. 打印时间和日期

很多场合，会希望 LCD1602 能够显示时间和日期，这也是它最常用的部分，代码如下：

```
import LCD1602Drv as lcd1602
import time

mylcd = lcd1602.lcd()
```

```
try:
while True:
mylcd.lcd_display_string("Time: %s" %time.strftime("%H:%M:%S"), 1)
mylcd.lcd_display_string("Date: %s" %time.strftime("%Y/%m/%d"), 2)
except KeyboardInterrupt:
    mylcd.lcd_clear()
```

保存并运行，屏幕第一行会显示时间信息，第二行会显示日期信息。代码中调用了
time 模块的 strftime（）方法来实现对应的功能，其中 %H 是小时，%M 是分，%S 是秒，
%Y 是年，%m 是月，%d 是日。

5. 利用 LCD1602 显示树莓派当前的 IP 地址信息

有很多读者在使用树莓派时，都喜欢使用"无头模式"（也称 headless 模式），就
是使用树莓派时不连接显示器，直接通过远程来访问树莓派。这种情形下，如果想要知
道树莓派的 IP 地址，除了通过一些扫描 IP 地址的软件或者访问路由器后台，还有别的
方式可以快速得到 IP 地址的信息吗？答案是肯定的。将上述代码作如下修改：

```
import LCD1602Drv as lcd1602
import time
import subprocess


mylcd = lcd1602.lcd()


def get_ip_addr():
    return subprocess.getoutput('hostname -I')


try:
while True:
mylcd.lcd_display_string("IP Address: ", 1)
mylcd.lcd_display_string(get_ip_addr() , 2)
time.sleep(3)
except KeyboardInterrupt:
    mylcd.lcd_clear()
```

保存退出并执行，会看到 wlan0 这个无线网卡的 IP 地址信息。代码中定义了一个函
数 get_ip_addr（），并通过 subprocess 库中的 getoutput 函数获取返回值，通过 hosntname –I
命令获取系统本地的 IP 地址信息，然后通过 LCD1602 展示出来。

6. 连续滚动显示

继续在之前代码的基础上稍做修改，就可以实现连续滚动显示，代码如下：

```
import LCD1602Drv as lcd1602
import time

mylcd = lcd1602.lcd()
blank_block = " " * 16
mydata = blank_block + "Welcome to Raspberry Pi Linux tutorial LCD1602
display section!"

try:
while True:
    for i in range(0, len(mydata)):
        content = mydata[i(i+16)]
mylcd.lcd_display_string(content, 1)
time.sleep(0.5)
mylcd.lcd_display_string(blank_block, 1)
except KeyboardInterrupt:
    mylcd.lcd_clear()
```

其实就是利用了字符串拼接，并且通过切片的方式逐个列出字符并打印在屏幕上。

7. 文本滚动显示一次并清空

代码如下：

```
import LCD1602Drv as lcd1602
import time

mylcd = lcd1602.lcd()
blank_block = " " * 16
mydata = blank_block + "Welcome to Raspberry Pi Linux tutorial LCD1602
display section!"


for i in range(0, len(mydata)):
content = mydata[i(i+16)]
mylcd.lcd_display_string(content, 1)
time.sleep(0.5)
mylcd.lcd_display_string(blank_block, 1)
```

这样就实现了文本在屏幕上的一次滚动显示，然后清空屏幕。

8. 文本滚动一次并保留显示

代码如下：

```
import LCD1602Drv as lcd1602
import time


mylcd = lcd1602.lcd()
blank_block = " " * 16
mydata = "Welcome to Raspberry Pi Linux tutorial LCD1602 display section!"
+ blank_block


for i in range(0, len(mydata)):
content = mydata [((len(mydata)-1)-i):-i]
mylcd.lcd_display_string(content, 1)
time.sleep(0.5)
mylcd.lcd_display_string(blank_block[(15+i):i], 1)
```

这样就实现了左右滚动文本的一次，然后停止，保留所有的信息。

分析上述示例，我们采用了字符串切片的技巧，这是 Python 入门教程中的最基础的内容，通过不同的代码变换，屏幕会产生不同的显示效果。大家动动脑筋，看看能否想出更有意思的展示方式？

前述示例中所使用的方法都是自己定义驱动文件并且编写应用程序代码，还可采用通过安装 i2clcd 库来实现 LCD 液晶屏幕控制的方法。通过下面的命令安装 i2clcd 的库文件，如图 4-15 所示。

```
pip3 install i2clcd·
```

```
pi@rpi8g:~ $ pip3 install i2clcd
Looking in indexes: https://pypi.org/simple, https://www.piwheels.org/simple
Collecting i2clcd
  Downloading https://files.pythonhosted.org/packages/16/d8/8a683768270beffbfae2
d896f770e41c132cec68848ad346ea32432054cb/i2clcd-0.0.1-py3-none-any.whl
Installing collected packages: i2clcd
Successfully installed i2clcd-0.0.1
pi@rpi8g:~ $
```

图 4-15 i2clcd 库安装

简单的演示代码如下：

```
import i2clcd
lcd = i2clcd.i2clcd(i2c_bus=1, i2c_addr=0x27, lcd_width=16)
lcd.init()
```

```
# 在第一行填写 hello，并在第二行靠右打印 world

lcd.print_line('hello', line=0)
lcd.print_line('world!', line=1, align='RIGHT')

# 移动到当前光标处打印 OK

lcd.move_cursor(1, 0)
lcd.print('OK')

# 自定义图标，通过 char_celsius 的定义显示一个摄氏度（℃）的图标

char_celsius = (0x10, 0x06, 0x09, 0x08, 0x08, 0x09, 0x06, 0x00)

# 调用的函数是 write_CGRAM（定义的图标的）

lcd.write_CGRAM(char_celsius, 0)
lcd.move_cursor(0, 6)
lcd.print(b'TEMP ' + i2clcd.CGRAM_CHR[0])
```

如果想要自己定制点阵的图案，那么就需要深入地研究如何将屏幕的每个字符放大，分别点亮。使用螺丝刀在屏幕背面的滑动变阻器上进行旋转，可发现背光的亮度会发生变化，整个屏幕的显示状态也会发生变化。LCD1602 显示屏的两行中每行都是一个个这样的方块构成的，如图 4-16 所示。

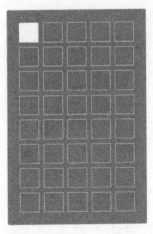

图 4-16　LCD1602 显示屏中一个字符位置放大效果图

如果要想点亮一颗心形的图案怎么做？定制方法如图 4-17 所示。

图 4-17　定制心形图案的方法

每一行换算成一个十六进制数，从右到左分别在小方框的顶部填写 1、2、4、8、1，分别表示 2 个 4 位二进制数，高位由于只有一位，所以最后一个 1 的前方全是 0，我们换算时最高位也就只有 1 了。图案中点亮的部分填写 1，未点亮的部分填写 0，然后换算成十六进制数字。

第一行为 0x00；第二行为 0x00；第三行的最高位是空的，而后面四位的 8 和 2 的位置上都有点亮，因此它的值是 0x0A；第四行～第六行都是全部点亮的，因此从低位到高位，四位隔开，就成为 0001 1111 这个状态，根据公式来计算就是：$0 \times 2^{(4-1)} + 0 \times 2^{(3-1)} + 0 \times 2^{(2-1)} + 1 \times 2^{(1-1)}$，$1 \times 2^{(4-1)} + 1 \times 2^{(3-1)} + 1 \times 2^{(2-1)} + 1 \times 2^{(1-1)}$，即 0x1F；第七行为 0x0E；第八行为 0x04。然后定义变量 char_heart，并应用到代码中：

```python
import i2clcd

lcd = i2clcd.i2clcd(i2c_bus=1, i2c_addr=0x27, lcd_width=16)

lcd.init()

lcd.print_line('I love', line=0)
lcd.move_cursor(1, 0)
char_heart = (0x00, 0x00, 0x0A, 0x1F, 0x1F, 0x1F, 0x0E, 0x04)
lcd.write_CGRAM(char_heart, 0)
lcd.move_cursor(0, 6)
lcd.print(b'Shanghai' + i2clcd.CGRAM_CHR[0])
```

保存后执行，会有颗白色的心形图案展示在屏幕上。

4.3.2　利用 OLED 展示树莓派磁盘状态信息

在使用树莓派的过程中，看到网上有趣的帖子和技术操作，都想在自己的树莓派上尝试一下，久而久之磁盘空间告急。每次需要查看磁盘空间的使用状态时，都需要登录到树莓派，然后执行 df –Th 命令查看，显示结果如图 4-18 所示。

```
pi@rpi8g:~ $ df -Th
Filesystem       Type        Size  Used Avail Use% Mounted on
/dev/root        ext4         29G   13G   15G  46% /
devtmpfs         devtmpfs    805M     0  805M   0% /dev
tmpfs            tmpfs       934M     0  934M   0% /dev/shm
tmpfs            tmpfs       934M  8.5M  925M   1% /run
tmpfs            tmpfs       5.0M  4.0K  5.0M   1% /run/lock
tmpfs            tmpfs       934M     0  934M   0% /sys/fs/cgroup
/dev/mmcblk0p1   vfat        253M   48M  205M  19% /boot
tmpfs            tmpfs       187M     0  187M   0% /run/user/1000
pi@rpi8g:~ $ █
```

图 4-18　磁盘空间展示

如果想要一目了然，可以尝试使用一个 0.91 inch OLED 屏幕来完成这个需求，屏幕小巧并且低功耗，可以通过编程实时显示当前的设备磁盘空间信息。OLED0.91 显示屏由 128×32 个单独 OLED 点阵组成，使用 I²C 协议与树莓派通信，通过简单的配置就可以显示非常多样化的内容，设备如图 4-19 所示。

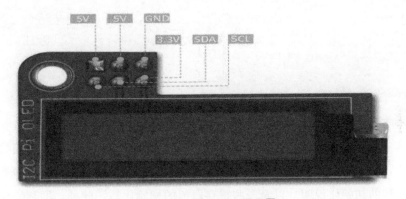

图 4-19　OLED0.91 显示屏

1. 连接设备

首先将 OLED 屏和树莓派的 I²C 接口连接起来，如图 4-20 所示。

图 4-20　OLED 屏幕连接方式

2. 安装基本库

在树莓派上打开一个终端，然后输入如下命令：

```
sudo python -m pip install --upgrade pip setuptools wheel

git clone https://github.com/adafruit/Adafruit_Python_SSD1306.git

cd Adafruit_Python_SSD1306

sudo python setup.py install
```

第一条命令是在更新 pip 管理工具。第二条命令的内容是从 GitHub 上获取 SSD1306 的驱动，这个驱动就是 OLED 屏幕通用的驱动，然后要在这个目录中进行相关依赖包的安装。其中，有一个非常重要的 SSD1306.py 库文件，里面定义了 OLED 屏幕的 I^2C 地址信息、引脚的初始化说明，以及一些寄存器值的初始化等。此外，屏幕的操作方法、类的定义，基础方法如 clear、 display、dim、set_contrast、image 等，都在这个文件里面有很详细的描述，有兴趣的读者可以分析一下这个驱动代码，会很有收获。

3. 调用例程

```
cd examples/
python stats.py
```

其中 stats.py 里面就是通过调用系统的参数获取当前磁盘信息、CPU 信息等内容。下面来分析一下 stats.py 的代码：

```python
import time
import Adafruit_GPIO.SPI as SPI
import Adafruit_SSD1306
from PIL import Image
from PIL import ImageDraw
from PIL import ImageFont
import subprocess


RST = None
disp = Adafruit_SSD1306.SSD1306_128_32(rst=RST)


disp.begin()
disp.clear()
disp.display()


width = disp.width
height = disp.height
image = Image.new('1', (width, height))


draw = ImageDraw.Draw(image)


draw.rectangle((0,0,width,height), outline=0, fill=0)
padding = -2
top = padding
bottom = height-padding
x = 0
font = ImageFont.load_default()


while True:

# 绘制黑色的方块来清除屏幕上的信息，方便后续的绘制，就像擦除黑板上的文字一样
draw.rectangle((0,0,width,height), outline=0, fill=0)

    #其中每一行定义一条命令，并交付给 subprocess 去执行然后获取返回的信息
    # 获取主机名信息
cmd = "hostname -I | cut -d\' \' -f1"
IP = subprocess.check_output(cmd, shell = True)
# 获取 CPU 负载信息
```

```
cmd = "top -bn1 | grep load | awk '{printf \"CPU Load: %.2f\", $(NF-2)}'"
CPU = subprocess.check_output(cmd, shell = True)
    # 获取内存使用信息
cmd = "free -m | awk 'NR==2{printf \"Mem: %s/%sMB %.2f%%\", $3,$2,$3*100/$2 }'"
MemUsage = subprocess.check_output(cmd, shell = True)
# 获取磁盘利用率信息
cmd = "df -h | awk '$NF==\"/\"{printf \"Disk: %d/%dGB %s\", $3,$2,$5}'"
Disk = subprocess.check_output(cmd, shell = True)

draw.text((x, top),    "IP: " + str(IP), font=font, fill=255)
draw.text((x, top+8), str(CPU), font=font, fill=255)
draw.text((x, top+16),str(MemUsage), font=font, fill=255)
draw.text((x, top+25),str(Disk),  font=font, fill=255)

disp.image(image)
disp.display()
time.sleep(.1)
```

先导入了依赖的库文件，其中和屏幕相关的是 Adafruit_SSD1306，和图形相关的是 PIL 库。这里就是通过 SSD1306 库中的类 SSD1306_128_32 来实现对象的实例化，一旦实例化完成，那么 disp 就是我们可以操作的显示屏对象了。使用屏幕的第一步就是进行初始化，接着清空屏幕和刷新一下。创建一个空白图片进行操作，利用 PIL 库中的 Image 类的 new 方法创建一个 1bit 颜色的图片，图片的宽度和高度使用屏幕的宽度和高度，并获取一个绘图的对象绘制到刚才创建好的 image 对象上。再接着绘制一个黑色填充的方形块去清除 image 对象，其中调用了图片的高度和宽度值。绘制一些形状的方法就是先定义一些常量以便调整形状的大小。例如设置填充为 −2，然后定义顶部为填充的值，定义底部为高度减去填充的值。左右移动以跟踪图形的当前 x 的位置。

此外，还要按照需求载入默认字体或者加载 TTF 字体，在字体配置方面需要注意的是，确保 .ttf 字体文件与 Python 脚本位于同一目录中，否则找不到会出现报错信息。例如：font = ImageFont.truetype（'Minecraftia.ttf'，8），这样编辑代码就需要将 Minecraftia.ttf 放到当前目录中调用，不过尝试后发现，默认字体就挺好看的。

而代码的主循环关键内容是利用绘制对象的 text 方法把获取的信息打印到屏幕上，就像在画布上指定的位置画出相应的图案，top 就是默认顶部，然后 top+8 就是将其下移 8 个像素，然后依次向下递增，直到显示出所有数据，但是这时只是绘制好了图案，没有刷新到屏幕上去。

通过上面的案例分析可以发现，树莓派 I²C 接口一旦连接好，设备的协议初始化完成后，剩余的事情就是应用层面的开发了。还有很多类似的设备，大家都可以通过这样的方法进行开发，实现一个能够实时展示设备信息的显示屏。除了显示 CPU 信息、内存信息、主机名和磁盘信息外，还可以尝试读取网卡的流量信息、CPU 温度信息，甚至可以通过 Python 编写爬虫程序来爬取天气信息展现在屏幕上。

以上实现的功能都很简单，都是单独的还未成为联动的环境，在智能家居领域，控制家居的电源管理是可以有更多的传感器参与进来协同工作的，例如通过摄像头采集的信息来判断是否供电给电子门锁，通过温度传感器采集的温度信息来判断是否打开电风扇等，但是每一个复杂的应用体系都是由简单的结构组成的，大家快来 Get 新技能吧！

第 5 章
树莓派 SPI 介绍及应用实例

5.1　SPI 协议简介

5.1.1　SPI 协议概述

SPI（Serial Peripheral Interface）是串行外围设备接口，是由 Motorola 首先在其 MC68HCXX 系列处理器上定义的。SPI 接口主要应用在 EEPROM、Flash、实时时钟、AD 转换器，以及数字信号处理器和数字信号解码器之间。SPI 是一种高速、全双工、同步的通信总线，并且在芯片的引脚上只占用四根线，节约了芯片的引脚，同时为 PCB 的布局节省空间，提供方便。目前大多数的单片机和开发板都集成了这种通信协议。

5.1.2　SPI 的优缺点

SPI 的优点如下：
◆　支持全双工通信。
◆　通信简单。
◆　数据传输速率快。

SPI 的缺点如下：

◆　没有指定的流控制。

◆　没有应答机制确认是否接收到数据。

5.1.3　采用主－从模式（Master-Slave）的控制方式

SPI 规定了两个 SPI 设备之间通信必须由主设备（Master）来控制从设备（Slave）。一个主设备可以通过提供时钟（Clock），以及对从设备进行片选（Chip Select）来控制多个从设备，SPI 协议还规定从设备的时钟由主设备通过 SCK 引脚提供给从设备，从设备本身不能产生或控制时钟，而没有时钟则从设备不能正常工作。

5.2　树莓派 SPI 概述

Raspberry Pi 系列设备配备了许多 SPI 总线。SPI 可用于连接各种外围设备，如显示器、网络控制器（以太网和 CAN 总线）、UART 等。 所有的树莓派 BCM2835 内核都有 3 个 SPI 控制器：

◆　带有两个硬件片选的 SPI0 在所有树莓派上都可用。

◆　带有三个硬件片选的 SPI1 在 40Pin 引脚的树莓派上可用。

◆　SPI2 只在树莓派计算模块（CM）可用，其他树莓派不可用。

5.2.1　引脚和 GPIO 映射

1. 引脚映射信息

SPI0 适用于所有使用 J8/P1 排母的树莓派版本，引脚映射信息如表 5-1 所示。

表 5-1　SPI0 引脚映射信息

SPI 功能	引　脚	Broadcom 引脚名	Broadcom 引脚功能
MOSI	19	GPIO10	SPI0_MOSI
MISO	21	GPIO9	SPI0_MISO
SCLK	23	GPIO11	SPI0_SCLK
CE0	24	GPIO8	SPI0_CE0_N
CE1	26	GPIO7	SPI0_CE1_N

2. 功能缩写的解释

◆   SCLK：Serial CLOCK，串行时钟。

◆   CE：Chip Enable，片选。

◆   MOSI：Master Out Slave In，主机输出从机输入。

◆   MISO：Master In Slave Out，主机输入从机输出。

5.2.2   关于 SPI 的速度

SPI 驱动支持的速度如表 5-2 所示。

表 5-2   时钟分频与速度的关系

时 钟 分 频	速 度
2	125 MHz
4	62.5 MHz
8	31.2 MHz
16	15.6 MHz
32	7.8 MHz
64	3.9 MHz
128	1953 kHz
256	976 kHz
512	488 kHz
1024	244 kHz
2048	122 kHz
4096	61 kHz
8192	30.5 kHz
16 384	15.2 kHz
32 768	7629 Hz

当要求 24 MHz 时，实际速度将为 15.6 MHz。报告的最快工作速度为 32 MHz。

5.3   树莓派上启用 SPI 功能

在树莓派上，SPI0 在默认情况下是被禁用状态，开启它可以通过以下三种方式。

5.3.1　通过 raspi-config 工具

通过在终端执行 sudo raspi-config 命令来选择启用 SPI 功能，如图 5-1 所示。

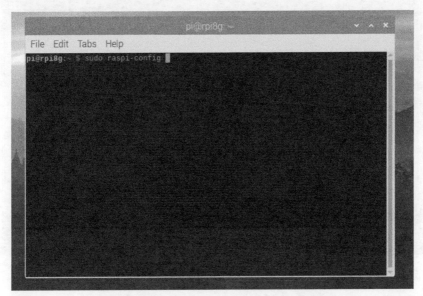

图 5-1　使用命令 raspi-config 启用 SPI 功能

依次选择如图 5-2~ 图 5-5 所示的选项，即可启用。

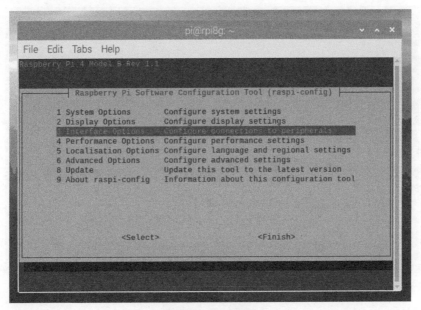

图 5-2　接口选项

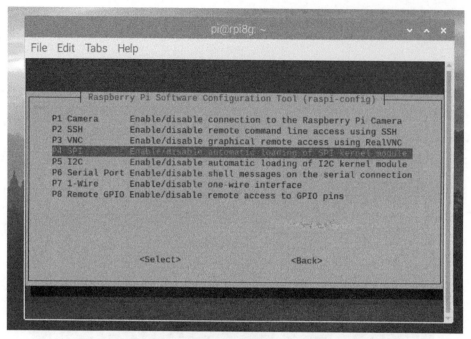

图 5-3　SPI 选项

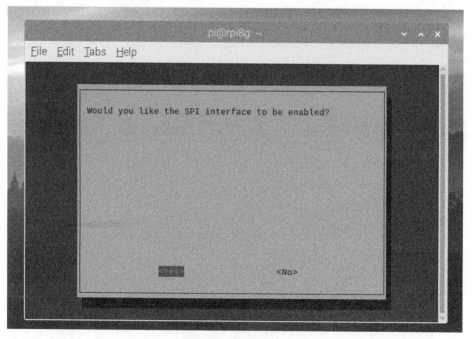

图 5-4　确认启用

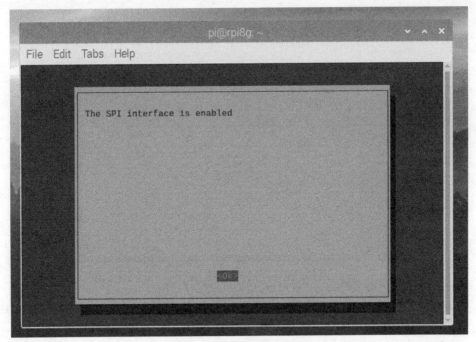

图 5-5　SPI 启用确认信息

5.3.2　通过编辑 /boot/config.txt 文件

使用编辑器打开终端 /boot/config.txt：

```
sudo vim.tiny /boot/config.txt
```

查询并确保文档中存在下面这段参数：

```
dtparam=spi=on
```

这段参数最前方如果有 # 注释，则只需要删除注释并保存退出即可。

5.3.3　通过图形界面

打开开始菜单，单击树莓派的图标，选择"首选项"，然后选择"Raspberry Pi Configuration"来进行操作，如图 5-6 所示。

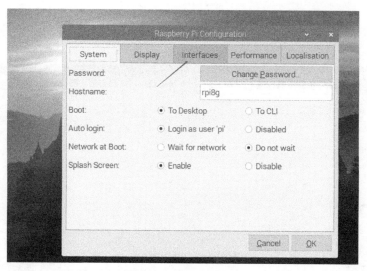

图 5-6　桌面启用 SPI

选择 Interfaces 选项卡，然后选择 SPI 对应的 Enable 选项，最后单击 OK 按钮即可，如图 5-7 所示。

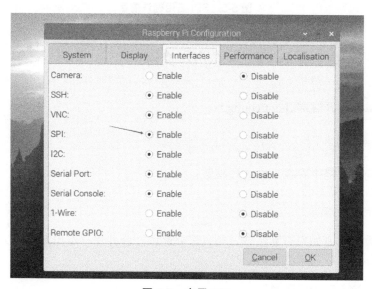

图 5-7　启用 SPI

启用后，可以按下 Ctrl+T 快捷键调出一个终端并输入：

```
sudo sync
sudo reboot
```

或

```
sudo init 6
```

进行系统的重新启动，并使之生效。

5.4　树莓派 SPI 应用实例

下面通过几个简单的实例来进行树莓派 SPI 接口的使用。

5.4.1　检查 SPI 设备状态

在树莓派终端中输入以下命令：

```
lsmod |grep -i spi
```

终端中将会显示如下内容：

```
spi_bcm2835     7424  0
```

说明 SPI 驱动模块已经加载，继续执行：

```
ls /dev/*spi*
```

如果得到如下信息：

```
/dev/spidev0.0      /dev/spidev0.1
```

则分别代表 SPI0 设备上的两个 CE 引脚（片选）所对应的 SPI 设备，如果只接了一个设备并且接在 CE0 的引脚上，那么就用 /dev/spidev0.0 设备作为 SPI 外设的操作设备，通过 C 语言进行读写操作就可以控制该设备了。

5.4.2　准备 SPI 外设并接入树莓派

这里我们选择了一个网上购买的支持 MAX7219 芯片的点阵屏设备，然后按表 5-3 所示连接到树莓派。

表 5-3　点阵与树莓派连接表

点阵引脚编号	名　称	标　识	树莓派引脚	树莓派引脚功能
1	VCC	+5V 电源	2	5V
2	GND	接地	6	GND
3	DIN	数据输入	19	GPIO10（MOSI）
4	CS	片选	24	GPIO08（SPI CE0）
5	CLK	时钟	23	GPIO11（SPI CLK）

5.4.3　安装 Python 库文件

首先安装依赖库并升级 pip 和 setuptools 包，因为默认的系统版本比较低，会导致一些异常，操作命令如下：

```
sudo usermod -a -G spi,gpio pi
sudo apt update
sudo apt -y install build-essential python3-dev python3-pip libfreetype6-dev
sudo apt -y install libjpeg-dev libopenjp2-7 libtiff5
sudo -H pip install --upgrade --ignore-installed pip setuptools
```

执行成功后安装 luma.led_matrix 的库，命令如下：

```
sudo -H pip install --upgrade luma.led_matrix
```

然后下载官方仓库并通过其提供的 example 来进行测试，如图 5-8 所示。

```
git clone https://github.com/rm-hull/luma.led_matrix.git
```

```
pi@rpi8g:~/democode_c/matrix $ git clone https://github.com/rm-hull/luma.led_mat
rix.git
Cloning into 'luma.led_matrix'...
remote: Enumerating objects: 2165, done.
remote: Total 2165 (delta 0), reused 0 (delta 0), pack-reused 2165
Receiving objects: 100% (2165/2165), 11.33 MiB | 780.00 KiB/s, done.
Resolving deltas: 100% (1276/1276), done.
pi@rpi8g:~/democode_c/matrix $
```

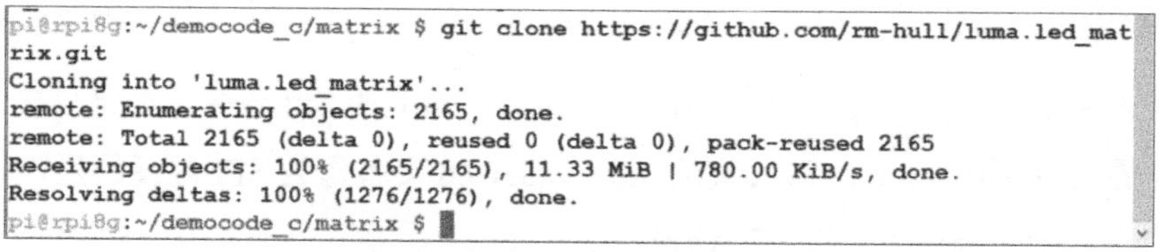

图 5-8　从 GitHub 拉取测试代码

进入 examples 目录并执行：

```
python examples/matrix_demo.py
```

5.4.4　编写定制的测试代码并进行测试

参考其 matrix_demo.py 的代码，内容如下：

```
import re
import time
import argparse

from luma.led_matrix.device import max7219
from luma.core.interface.serial import spi, noop
from luma.core.render import canvas
from luma.core.virtual import viewport
from luma.core.legacy import text, show_message
from luma.core.legacy.font import proportional, CP437_FONT, TINY_FONT,
SINCLAIR_FONT, LCD_FONT

def demo(n, block_orientation, rotate, inreverse):

serial = spi(port=0, device=0, gpio=noop())

device = max7219(serial, cascaded=n or 1, block_orientation=block_
orientation,
rotate=rotate or 0, blocks_arranged_in_reverse_order=inreverse)
print("Created device")

msg = "MAX7219 LED Matrix Demo"

print(msg)

show_message(device, msg, fill="white", font=proportional(CP437_FONT))

time.sleep(1)

    msg = "Fast scrolling: Lorem ipsum dolor sit amet, consectetur
adipiscing\
elit, sed do eiusmod tempor incididunt ut labore et dolore magna aliqua. Ut\
enim ad minim veniam, quis nostrud exercitation ullamco laboris nisi ut\
aliquip ex ea commodo consequat. Duis aute irure dolor in reprehenderit in\
voluptate velit esse cillum dolore eu fugiat nulla pariatur. Excepteur sint\
occaecat cupidatat non proident, sunt in culpa qui officia deserunt mollit\
anim id est laborum."
```

```
        msg = re.sub(" +", " ", msg)

    print(msg)
    show_message(device, msg, fill="white", font=proportional(LCD_FONT),
scroll_delay=0)

    msg = "Slow scrolling: The quick brown fox jumps over the lazy dog"

    print(msg)

    show_message(device, msg, fill="white", font=proportional(LCD_FONT),
scroll_delay=0.1)

    print("Vertical scrolling")

    words = [
    "Victor", "Echo", "Romeo", "Tango", "India", "Charlie", "Alpha",
    "Lima", " ", "Sierra", "Charlie", "Romeo", "Oscar", "Lima", "Lima",
    "India", "November", "Golf", " "
    ]

    virtual = viewport(device, width=device.width, height=len(words) * 8)
    with canvas(virtual) as draw:
    for i, word in enumerate(words):
    text(draw, (0, i * 8), word, fill="white", font=proportional(CP437_FONT))

    for i in range(virtual.height - device.height):
    virtual.set_position((0, i))
    time.sleep(0.05)

    msg = "Brightness"
    print(msg)
    show_message(device, msg, fill="white")

    time.sleep(1)
    with canvas(device) as draw:
    text(draw, (0, 0), "A", fill="white")

    time.sleep(1)
    for _ in range(5):
    for intensity in range(16):
```

```
device.contrast(intensity * 16)
time.sleep(0.1)

device.contrast(0x80)
time.sleep(1)

msg = "Alternative font!"
print(msg)
show_message(device, msg, fill="white", font=SINCLAIR_FONT)

time.sleep(1)
msg = "Proportional font - characters are squeezed together!"
print(msg)
show_message(device, msg, fill="white", font=proportional(SINCLAIR_FONT))


time.sleep(1)

msg = "Tiny is, I believe, the smallest possible font \
(in pixel size). It stands at a lofty four pixels \
tall (five if you count descenders), yet it still \
contains all the printable ASCII characters."

msg = re.sub(" +", " ", msg)
print(msg)

show_message(device, msg, fill="white", font=proportional(TINY_FONT))

time.sleep(1)
msg = "CP437 Characters"
print(msg)
show_message(device, msg)

time.sleep(1)
for x in range(256):
with canvas(device) as draw:
text(draw, (0, 0), chr(x), fill="white")
time.sleep(0.1)

if __name__ == "__main__":
parser = argparse.ArgumentParser(description='matrix_demo arguments',
formatter_class=argparse.ArgumentDefaultsHelpFormatter)
```

```
    parser.add_argument('--cascaded', '-n', type=int, default=1, help='Number
of cascaded MAX7219 LED matrices')
    parser.add_argument('--block-orientation', type=int, default=0, choices=
[0, 90, -90], help='Corrects block orientation when wired vertically')
    parser.add_argument('--rotate', type=int, default=0, choices=[0, 1, 2,
3], help='Rotate display 0=0°, 1=90°, 2=180°, 3=270°')
    parser.add_argument('--reverse-order', type=bool, default=False, help=
'Set to true if blocks are in reverse order')
    args = parser.parse_args()

    try:
demo(args.cascaded, args.block_orientation, args.rotate, args.reverse_
order)
    except KeyboardInterrupt:
    pass
```

这里是主函数的入口，通过 argparse 的 ArgumentParser 提供了参数选择的功能，这样可以实现用户和代码之间的交互，提供不同的选项实现不同的功能。当我们在命令行中提供 --cascade 参数并提供数字后，可以级联多个点阵屏设备进行显示。其可以调整屏幕的布局，水平的就是 0，垂直的就是 90，两个选择，默认水平级联。代码中还定义了旋转方向，默认是 0，表示 0°，1 表示旋转 90°，2 表示旋转 180°，3 表示旋转 270°；并且还有反序设置，如果设置为真则反转顺序。

显示时，参数里面添加了 scroll_delay=0，滚动延时设置为 0，表示快速滚动，在定义一个慢速滚动的消息调用方法时，添加了 0.1 秒的延时，降低了滚动的速度。重新实例化了一个对象 virtual，参数分别为设备对象、宽度、高度，并通过 canvas 处理后生成画布对象，然后枚举每个前面定义的单词和索引位置进行绘制，调用的绘制方法是 text，在画布上对应的位置填写得到的单词，然后填充白色，并定义字体，再通过不断地更换垂直位置的像素进行刷新，看上去就成为垂直滚动显示的状态。

最后，主程序中进行的异常捕获，调用 demo 方法，并在键盘产生中断时结束。

参考上述代码，可以编写一个简单的在点阵屏上显示 CPU 温度的代码，编辑一个文档命名为 cpu_temp_mon.py，并填入下列代码：

```
import re
import time
import argparse
```

```
from luma.led_matrix.device import max7219
from luma.core.interface.serial import spi, noop
from luma.core.render import canvas
from luma.core.virtual import viewport
from luma.core.legacy import text, show_message
from luma.core.legacy.font import proportional, CP437_FONT, TINY_FONT,
SINCLAIR_FONT, LCD_FONT

import subprocess

serial = spi(port=0, device=0, gpio=noop())

device = max7219(serial, cascaded=n or 1, block_orientation=block_
orientation,
    rotate=rotate or 0, blocks_arranged_in_reverse_order=inreverse)
print("Created device")

try:
while True:
msg = subprocess.getoutput('vcgencmd measure_temp | awk -F\'=\' \'{print
$2}\' "
    show_message(device, msg, fill="white", font=proportional(CP437_FONT))
    time.sleep(1)
except KeyboardInterrupt:
    print("Quit the loop")
```

保存并通过命令行执行：

```
sudo python cpu_temp_mon.py
```

就可以将温度实时显示在点阵屏上了。

5.5　让树莓派变身为一个环境检测站

环境检测站需要监测环境的温度、湿度、大气压强等指标，这些指标需要通过一些
外接的传感器采集并进行分析后才能得到，那么如何将树莓派变身为一个环境检测站

呢？树莓派本身是没有这些传感器的，需要外接，这个小项目的实验就是通过树莓派外接一个支持 SPI 协议的温湿度和气压计传感器 BME280 模块进行数据采集。

5.5.1　BME280 模块介绍

BME280 模块是一款环境传感器，可感知环境温度、湿度和大气压强，支持 I^2C 和 SPI 接口，兼容 3.3V/5V 电平，具有小尺寸、低功耗、高精度和稳定性，适用于环境监测、天气预测、海拔高度监测和物联网（IoT）等应用场景，模块如图 5-9 所示。

图 5-9　BME280 模块

模块的基本参数如下：

◆　工作电压：5V/3.3V。

◆　通信接口：I^2C/SPI。

◆　温度范围：-40~85℃（分辨率 0.01℃，误差 ±1℃）。

◆　湿度范围：0~100%RH（分辨率 0.008%RH，±3% RH）。

◆　压力范围：300~1100 hPa（分辨率 0.18Pa，误差 ±1 hPa）。

◆　产品尺寸：27mm×20mm。

BME280 模块的通信接口是支持 SPI 接口的，并且工作电压是 5V 或者 3.3V，因此可以通过树莓派的 SPI 接口来采集这个模块上的数据。

5.5.2　接线方式

接线方式如表 5-4 所示。

表 5-4　BME280 模块接线表

模块引脚	树莓派引脚	功能描述
VCC	3.3V/5V	3.3V 电源正极
GND	GND	电源地
MOSI	BCM 10/ 物理 19 号	SPI 数据输入
SCK	BCM 11/ 物理 23 号	SPI 时钟输入
MISO	BCM 9/ 物理 21 号	SPI 数据输出
CS	BCM 16/ 物理 36 号 /wPi 27 号	SPI 片选（低电平有效）

5.5.3　编写代码获取数据

确保线缆连接无误，确认树莓派的 SPI 功能已开启，并通过 lsmod 检查 SPI 模块正常加载后，就可以打开 vim 编辑器进行代码的编写了。

如果通过 C 语言进行控制，需要如下文件：

◆　bme280.c。

◆　bme280_defs.h。

◆　bme280.h。

◆　main.c。

◆　Makefile。

其中，bme280.c 定义了 BME280 模块操作的函数原型；bme280_defs.h 定义了 BME280 模块的宏定义和结构体的内容，提供了一些应用程序的接口，可以通过主程序调用；bme280.h 定义了 BME280 模块的头文件，也是一些宏定义，包括一些硬件的寄存器值的定义；main.c 是主程序，它所描述的就是如何进行 BME280 模块的使用；Makefile 是编译规则，通过 make 命令可以直接生成所需要的二进制可执行文件。

这些文件可以通过扫描封底二维码获取。

为了更好地理解代码的含义，接下来简单分析 main.c 中需要修改的部分。

```
cat main.c
```

代码部分：

```
/*
Comple: make
Run: ./bme280

This Demo is tested on Raspberry PI 3B+
you can use I2C or SPI interface to test this Demo
When you use I2C interface,the default Address in this demo is 0X77
When you use SPI interface,PIN 27 define SPI_CS
*/
#include "bme280.h"
#include <stdio.h>
#include <unistd.h>
#include <wiringPi.h>
#include <wiringPiSPI.h>

//Raspberry 3B+ platform's default SPI channel
#define channel 0

//Default write it to the register in one time
#define USESPISINGLEREADWRITE 0

//This definition you use I2C or SPI to drive the bme280
//When it is 1 means use I2C interface, When it is 0,use SPI interface
#define USEIIC 1


#if(USEIIC)
#include <string.h>
#include <stdlib.h>
#include <linux/i2c-dev.h>
#include <sys/ioctl.h>
#include <sys/types.h>
#include <fcntl.h>
//Raspberry 3B+ platform's default I2C device file
#define IIC_Dev  "/dev/i2c-1"

int fd;

void user_delay_ms(uint32_t period)
{
usleep(period*1000);
```

```
     }

   int8_t user_i2c_read(uint8_t id, uint8_t reg_addr, uint8_t *data, uint16_
t len)
   {
   write(fd, &reg_addr,1);
   read(fd, data, len);
   return 0;
   }

   int8_t user_i2c_write(uint8_t id, uint8_t reg_addr, uint8_t *data, uint16_
t len)
   {
   int8_t *buf;
   buf = malloc(len +1);
   buf[0] = reg_addr;
   memcpy(buf +1, data, len);
   write(fd, buf, len +1);
   free(buf);
   return 0;
   }
   #else


   void SPI_BME280_CS_High(void)
   {
   digitalWrite(27,1);
   }

   void SPI_BME280_CS_Low(void)
   {
   digitalWrite(27,0);
   }

   void user_delay_ms(uint32_t period)
   {
   usleep(period*1000);
   }

   int8_t user_spi_read(uint8_t dev_id, uint8_t reg_addr, uint8_t *reg_data,
```

```
uint16_t len)
    {
    int8_t rslt = 0;
            SPI_BME280_CS_High();
    SPI_BME280_CS_Low();

    wiringPiSPIDataRW(channel,&reg_addr,1);

    #if(USESPISINGLEREADWRITE)
    for(int i=0; i < len ; i++)
    {
    wiringPiSPIDataRW(channel,reg_data,1);
    reg_data++;
    }
    #else
    wiringPiSPIDataRW(channel,reg_data,len);
    #endif
            SPI_BME280_CS_High();

    return rslt;
            }
    int8_t user_spi_write(uint8_t dev_id, uint8_t reg_addr, uint8_t *reg_data,
uint16_t len)
    {
    int8_t rslt = 0;

    SPI_BME280_CS_High();
    SPI_BME280_CS_Low();

    wiringPiSPIDataRW(channel,&reg_addr,1);

    #if(USESPISINGLEREADWRITE)
    for(int i = 0; i < len ; i++)
    {
    wiringPiSPIDataRW(channel,reg_data,1);
    reg_data++;
    }
    #else
    wiringPiSPIDataRW(channel,reg_data,len);
    #endif
```

```
    SPI_BME280_CS_High();

    return rslt;
    }
    #endif

    void print_sensor_data(struct bme280_data *comp_data)
    {
    #ifdef BME280_FLOAT_ENABLE
    printf("temperature:%0.2f*C pressure:%0.2fhPa humidity:%0.2f%%\
r\n",comp_data->temperature,comp_data->pressure/100, comp_data->humidity);
    #else
    printf("temperature:%ld*C pressure:%ldhPa humidity:%ld%%\r\
n",comp_data->temperature,comp_data->pressure/100, comp_data->humidity);
    #endif
    }

    int8_t stream_sensor_data_forced_mode(struct bme280_dev *dev)
    {
    int8_t rslt;
    uint8_t settings_sel;
    struct bme280_data comp_data;

    /* Recommended mode of operation: Indoor navigation */
    dev->settings.osr_h = BME280_OVERSAMPLING_1X;
    dev->settings.osr_p = BME280_OVERSAMPLING_16X;
    dev->settings.osr_t = BME280_OVERSAMPLING_2X;
    dev->settings.filter = BME280_FILTER_COEFF_16;

    settings_sel = BME280_OSR_PRESS_SEL | BME280_OSR_TEMP_SEL | BME280_OSR_
HUM_SEL | BME280_FILTER_SEL;

    rslt = bme280_set_sensor_settings(settings_sel, dev);

    printf("Temperature Pressure Humidity\r\n");
    /* Continuously stream sensor data */
    while (1) {
    rslt = bme280_set_sensor_mode(BME280_FORCED_MODE, dev);
    /* Wait for the measurement to complete and print data @25Hz */
    dev->delay_ms(40);
    rslt = bme280_get_sensor_data(BME280_ALL, &comp_data, dev);
```

```
print_sensor_data(&comp_data);
}
return rslt;
}


int8_t stream_sensor_data_normal_mode(struct bme280_dev *dev)
{
int8_t rslt;
uint8_t settings_sel;
struct bme280_data comp_data;

/* Recommended mode of operation: Indoor navigation */
dev->settings.osr_h = BME280_OVERSAMPLING_1X;
dev->settings.osr_p = BME280_OVERSAMPLING_16X;
dev->settings.osr_t = BME280_OVERSAMPLING_2X;
dev->settings.filter = BME280_FILTER_COEFF_16;
dev->settings.standby_time = BME280_STANDBY_TIME_62_5_MS;

settings_sel = BME280_OSR_PRESS_SEL;
settings_sel |= BME280_OSR_TEMP_SEL;
settings_sel |= BME280_OSR_HUM_SEL;
settings_sel |= BME280_STANDBY_SEL;
settings_sel |= BME280_FILTER_SEL;
rslt = bme280_set_sensor_settings(settings_sel, dev);
rslt = bme280_set_sensor_mode(BME280_NORMAL_MODE, dev);

printf("Temperature Pressure Humidity\r\n");
while (1) {
/* Delay while the sensor completes a measurement */
dev->delay_ms(70);
rslt = bme280_get_sensor_data(BME280_ALL, &comp_data, dev);
print_sensor_data(&comp_data);
}

return rslt;
}

#if(USEIIC)
int main(int argc, char* argv[])
{
struct bme280_dev dev;
```

```
int8_t rslt = BME280_OK;

if ((fd = open(IIC_Dev, O_RDWR)) < 0) {
printf("Failed to open the i2c bus %s", argv[1]);
exit(1);
}
if (ioctl(fd, I2C_SLAVE, 0x77) < 0) {
printf("Failed to acquire bus access and/or talk to slave.\n");
exit(1);
}
//dev.dev_id = BME280_I2C_ADDR_PRIM;//0x76
dev.dev_id = BME280_I2C_ADDR_SEC; //0x77
dev.intf = BME280_I2C_INTF;
dev.read = user_i2c_read;
dev.write = user_i2c_write;
dev.delay_ms = user_delay_ms;

rslt = bme280_init(&dev);
printf("\r\n BME280 Init Result is:%d \r\n",rslt);
//stream_sensor_data_forced_mode(&dev);
stream_sensor_data_normal_mode(&dev);
}
#else

int main(int argc, char* argv[])
{
if(wiringPiSetup() < 0)
{
return 1;
}

pinMode(27,OUTPUT);

SPI_BME280_CS_Low();//once pull down means use SPI Interface

wiringPiSPISetup(channel,2000000);

struct bme280_dev dev;
int8_t rslt = BME280_OK;

dev.dev_id = 0;
```

```
dev.intf = BME280_SPI_INTF;
dev.read = user_spi_read;
dev.write = user_spi_write;
dev.delay_ms = user_delay_ms;

rslt = bme280_init(&dev);
printf("\r\n BME280 Init Result is:%d \r\n",rslt);
//stream_sensor_data_forced_mode(&dev);
stream_sensor_data_normal_mode(&dev);
}
#endif
```

代码中定义了操作引脚的方式，用 wiringPi 库的 digitalWrite 函数来对 27 号引脚进行拉高操作，并定义了操作引脚的函数 SPI_BME280_CS_Low，用 wiringPi 库的 digitalWrite 函数来对 27 号引脚进行拉低操作。代码中定义的 user_spi_read 函数，就是在定义如何读取 SPI 设备的信息，这里调用的就是之前定义的函数来操作引脚，先把片选 CS 引脚拉高，再拉低，使得 SPI 被使能，然后开始通过 wiringPiSPIDataRW 将数据写入通道 0 的寄存器地址，当再次拉高 CS 引脚时，结束一次通信，然后返回结果，通过这种方式完成一次 SPI 通信。

代码中还添加了打印传感器数据的函数，参数是传入获取的 bme280 结构体的完整数据。主函数中的操作步骤是先做了 wiringPi 初始化的判断，然后定义片选 CS 引脚的输出方向，调用之前定义的函数获取传感器数据。

针对源码需要更改的位置不多，其中主要操作是：

```
#define USEIIC 1
```

需要将 1 更改为 0，使用 SPI 接口，更改后为：

```
#define USEIIC 0
```

然后保存退出。为了保证编译不出错误，需要再检查一下 Makefile 文件，在终端中输入 cat Makefile，可以看到如下信息：

```
bme280:main.o bme280.o
gcc -Wall -o bme280 main.o bme280.o -lwiringPi -std=gnu99
main.o: main.c bme280.h bme280_defs.h
gcc -Wall -c main.c -lwiringPi -std=gnu99
```

```
bme280.o: bme280.c bme280.h bme280_defs.h
gcc -Wall -c bme280.c -std=gnu99
clean:
rm main.o bme280.o bme280
```

以上是最基本的 Makefile 语法，创建 Makefile 文件的目的是方便编译，当有多个文件参与编译时，通过编写 Makefile 可以大大简化编译时输入命令的时间。这里解释一下上述代码的结构：最终目标是 bme280 二进制文件，它依赖于 main.o 和 bme280.o 这两个目标文件；如果要生成 main.o 文件，需要 main.c 主代码文件及 bme280.h 和 bme280_defs.h 两个头文件；而过程中产生的 bme280.o 是个过渡产物，需要在 Makefile 里明确其依赖的头文件也是 bme280.h 和 bme280_defs.h；还有一个特殊的目标就是 clean，当输入 make clean 时就会执行 rm main.o bme280.o bme280 这几个编译生成的文件。通过一条 make 命令就可以完成这些操作，就是因为 make 命令可以参考 Makefile 完成这一系列的编译和链接操作，那么我们需要执行的命令是：

```
sudo make clean
```

然后执行编译后并执行生成的二进制文件时：

```
sudo make
sudo ./bme280
```

在屏幕上就会看到如图 5-10 所示的数据信息。

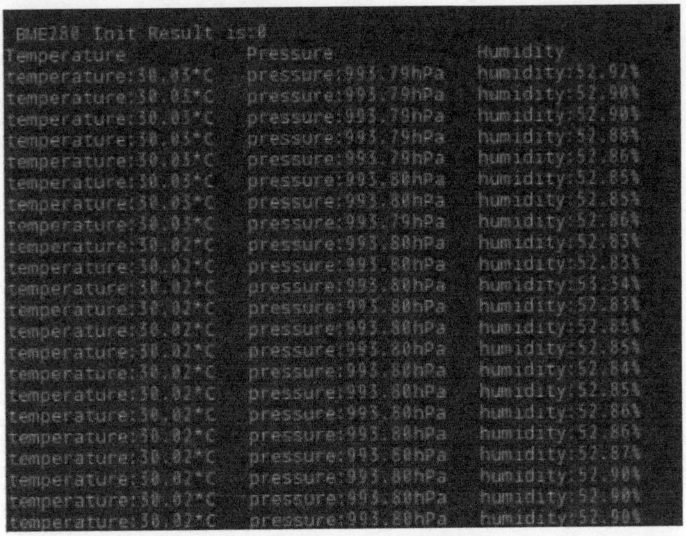

图 5-10　BME280 传感器读数

看到连续打印传感器读取的数据信息，就已经成功了！解释一下打印出来的数据信息的含义：第一列 Temperature 展示的是传感器当前采集到的温度信息，单位为℃；第二列 Pressure 展示的是当前大气压强，单位为 hPa；最后一列 Humidity 展示的是相对湿度信息，单位是 %RH。如果大家执行的时候打印的是报错信息，或者无法显示数据，请检查连线是否正常，并确认代码是否更改正确。

5.5.4　总　结

至此已经完成两个大模块的应用，I^2C 和 SPI 是两种比较难理解的通信协议，掌握这种通信协议的最好办法就是通过传感器的操作来尝试，先能够读取传感器的信息，然后慢慢地整合到自己的应用中。例如，如果想要展示成图形，可以调用图形的库；如果想通过网络发到 IoT 平台，那么可以调用 socket 库进行网络通信。

第6章
树莓派 UART 串口介绍及应用实例

6.1　UART 简介

UART（Universal Asynchronous Receiver/Transmitter，通用异步收发器）是一种串行、异步并且全双工的通信协议，在嵌入式领域应用非常广泛。例如，Arduino 程序下载、单片机程序烧录、GPS 数据通信等都会用到串口进行调试。UART 作为异步串行通信协议的一种，其工作原理是将传输数据的每个二进制位一位接一位地传输。在 UART 通信协议中，信号线上的状态为高电平时代表 1，信号线上的状态为低电平时代表 0。比如使用 UART 通信协议进行一字节数据的传输时，就是在信号线上产生八个高低电平的组合。

串行通信是指利用一条传输线将数据一位位地顺序传送，也可以用两个信号线组成全双工通信（如 RS232）。其特点是通信线路简单，成本低，适用于通信距离远、但传输速度慢的应用场合。

异步通信以一个字符为传输单位，通信中两个字符间的时间间隔是不固定的，然而在同一个字符中的两个相邻位间的时间间隔是固定的。简而言之，两个 UART 设备之间通信时不需要时钟线，这时就需要在两个 UART 设备上指定相同的传输速率，以及空闲位、起始位、校验位、结束位，也就是遵循相同的协议。

数据传送速率用波特率来表示，即每秒钟传送的二进制位数。例如数据传送速率为 11 520 字符 / 秒，而每一个字符为 10 位（1 个起始位，7 个数据位，1 个校验位，1 个结束位），则其传送的波特率为 10×11 520 =115 200 位 / 秒。波特率的单位是 bps（bits per second），常见的波特率有 9600bps，64 000bps，38 400bps 和 115 200bps，树莓派上默认的串口波特率是 115 200bps。

6.2　树莓派串口说明

本书主要是以树莓派 4B 作为主体来进行说明。由于不同型号的树莓派使用的 CPU 不同，外设里面包含的串口也有一些不同，常见的树莓派通用的串口有两个：

◆　PL011 硬件串口（/dev/ttyAMA0）。

◆　mini UART（软串口 /dev/ttyS0）。

硬件串口由设备硬件来实现，其具有独立的时钟源，可靠性高并且性能好，吞吐量比 mini UART 大很多。mini UART 使用与 GPU 核心频率相关的频率，随着 GPU 核心频率的变化，UART 的频率也将发生变化，并改变 UART 的波特率，这会使 mini UART 不稳定，并可能导致数据丢失或损坏。为了使 mini UART 运行稳定，请使用固定核心频率。另外，mini UART 不支持奇偶校验，也是其不能胜任很多关键应用的原因。

PL011 是一款稳定且高性能的 UART。为了更好、更有效地通信，强烈建议大家使用 PL011 UART 而不是 mini UART。在使用前，建议启用树莓派的 UART 进行串行通信，否则由于 UART 端口用于输出 Linux 控制台输出信息和连接板载蓝牙模块，导致我们无法完成串行通信，而默认情况下 GPIO 物理引脚被映射到 mini UART（/dev/ttyS0 接口），如图 6-1 所示。

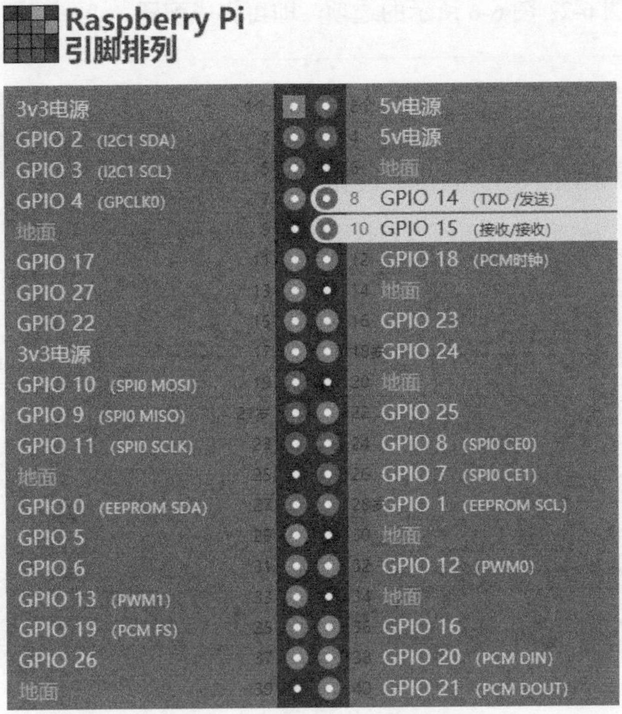

Raspberry Pi
引脚排列

3v3电源		5v电源
GPIO 2 (I2C1 SDA)		5v电源
GPIO 3 (I2C1 SCL)		地面
GPIO 4 (GPCLK0)	8	GPIO 14 (TXD /发送)
地面	10	GPIO 15 (接收/接收)
GPIO 17		GPIO 18 (PCM时钟)
GPIO 27		地面
GPIO 22		GPIO 23
3v3电源		GPIO 24
GPIO 10 (SPI0 MOSI)		地面
GPIO 9 (SPI0 MISO)		GPIO 25
GPIO 11 (SPI0 SCLK)		GPIO 8 (SPI0 CE0)
地面		GPIO 7 (SPI0 CE1)
GPIO 0 (EEPROM SDA)		GPIO 1 (EEPROM SCL)
GPIO 5		地面
GPIO 6		GPIO 12 (PWM0)
GPIO 13 (PWM1)		地面
GPIO 19 (PCM FS)		GPIO 16
GPIO 26		GPIO 20 (PCM DIN)
地面		GPIO 21 (PCM DOUT)

图 6-1　树莓派串口引脚信息

UART 通常在 Pi 上是通过 GPIO 进行控制或从串行控制台访问内核引导消息（默认启用）功能的，如果将 USB-To-TTL 线缆接入树莓派并将 USB 接口插入计算机 USB 口，就可以通过串口工具 PuTTY、Mobaxterm 访问到树莓派启动时打印的设备检测信息。很多串口设备都可以接入树莓派，但是接入前一定要确保设备之间的逻辑电平匹配。例如树莓派是 3.3V 逻辑电平，而 Arduino 是 5V 逻辑电平，在连接时要使用电平转换设备连接，否则有可能会烧坏树莓派。

6.3　在树莓派上配置启用 UART

在登录树莓派系统后，打开一个终端，输入以下命令：

```
sudo raspi-config
```

依次选择如图 6-2~ 图 6-6 所示的选项，即可完成配置。

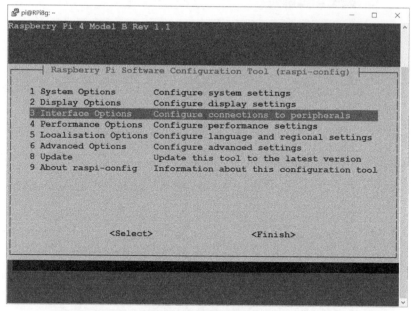

图 6-2　配置串口接口

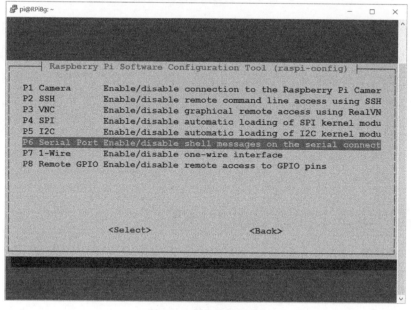

图 6-3　串口选择配置

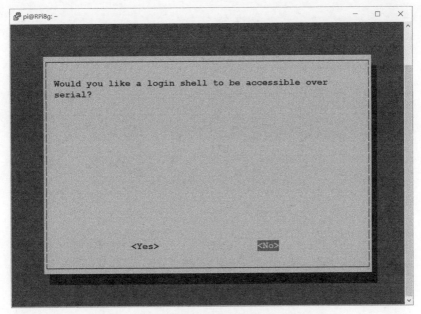

图 6-4　不允许通过串口登录系统 Shell 环境

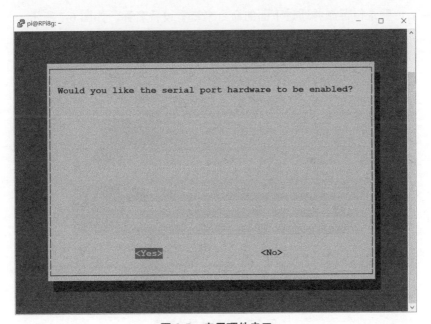

图 6-5　启用硬件串口

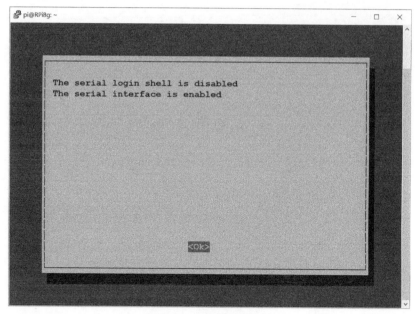

图 6-6　配置成功信息

重启后，登录树莓派并通过下面的命令来查看设备名称，如图 6-7 所示。

```
ls -l /dev/
```

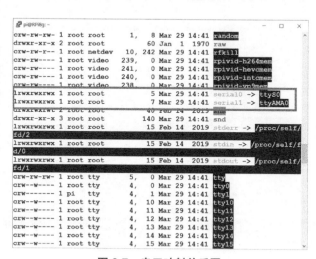

图 6-7　串口映射关系图

观察图 6-7，会发现有如下的映射关系：

◆　serial0 -> ttyS0　　目前连接着 TXD 和 RXD 的 GPIO 引脚。

◆　serial1 -> ttyAMA0 目前连接着蓝牙。

在早期版本的树莓派中，PL011 用于 Linux 控制台输出（映射到 UART 引脚），并且没有板载蓝牙模块，因此在完成上述配置后，就已经可以在 UART 引脚（GPIO14 和 GPIO15）上使用 UART 了。但是要注意，此时所使用的只是软串口，就是 serial0 所对应的串口，即 ttyS0。

默认情况下，硬件 UART 端口即 GPIO14（TXD）和 GPIO15（RXD）也称为 serial0，而与蓝牙模块连接的 UART 端口则称为 serial1。这时我们是可以通过树莓派和计算机之间连一根 USB 转 TTL 线缆进行串口通信的，如图 6-8 所示。

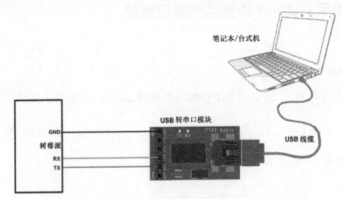

图 6-8　笔记本或台式机连接树莓派串口通信示意图

当正常连接了 USB 转串口的模块后，右击"我的电脑"，查看"计算机管理"中的"设备管理器"，会有相应识别出来的串口端口号，如图 6-9 所示。

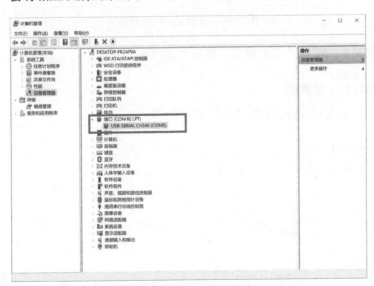

图 6-9　串口设备端口号

从图 6-9 可以看出，接入的是一个具有 CH340 串口芯片的 USB 转串口模块，其中将串口模块的 RXD 连接树莓派的 TXD 接口，并且将 TXD 连接树莓派的 RXD 接口，然后将 GND 连接树莓派 GND 即可，不需要连接电源线（5V 和 3.3V 都不需要接）。

6.4 在树莓派上进行串口通信

6.4.1 使用 Python 语言实现串口通信

1. 安装 pyserial 模块

在树莓派的 Python 环境中安装 pyserial 模块来实现串口通信，在终端下输入：

```
pip3 install pyserial
```

安装操作如图 6-10 所示。

```
pi@RPi8g: ~
[pi@RPi8g ~]$
[pi@RPi8g ~]$
[pi@RPi8g ~]$pip3 install pyserial
Looking in indexes: https://pypi.org/simple, https://www.piwheels.org
/simple
Requirement already satisfied: pyserial in /usr/lib/python3/dist-pack
ages (3.4)
[pi@RPi8g ~]$
```

图 6-10　安装 pyserial 模块

这里如果提示环境已经满足需求，则可以继续编写程序。

2. 使用 vim.tiny 编辑器

打开终端并使用 vim.tiny 编辑器编辑如下代码：

```
import serial
import time


ser = serial.Serial("/dev/ttyS0",  9600)

while True:
   received_data = ser.read()
   time.sleep(0.05)
```

```
data_remaining = ser.inWaiting()
received_data += ser.read(data_remaining)
print(received_data)
ser.write(received_data)
```

下面进行代码分析：

◆ serial.Serial(Port，Baudrate)。这是创建一个串口设备实例，前面的 ser 可以用任何名称来命名，例如 mycom、com1 等。

参数说明：

Port：串口设备名称，例如：ttyUSB0、ttyS0、ttyAMA0 等。

Baudrate：设置通信波特率，例如：9600、38 400、64 000、19 200、38 400、115 200 等。

对于生成的串口对象可以调用的方法，常见的如下：

◆ read(size) 用来读取串口数据的函数。

参数说明：

size，定义读取的字节（Byte）数量，默认 1 字节；

返回值：

从串口读取的特定字节内容，例如：ser.read（10） 意思是从串口 ser 里面读取 10 字节的数据。

◆ write(Data) 用来发送或者传输数据到串口的函数。

参数说明：

Data，需要发送到串口的数据；

返回值：

发送到串口的字节数。

还有更多的 API 可以参考 pyserial 官方链接。

3. 保存文件并执行程序

编写的测试文件名为 myser.py，执行时采用 python3 解释器：

```
python3 myser.py
```

4. 计算机端使用 PuTTY 进行通信尝试

计算机端打开 PuTTY 软件，对其进行配置，Serial line 填入刚才识别的串口端口 COM5，Speed 设为 9600，其和代码的波特率保持一致，如图 6-11 所示。

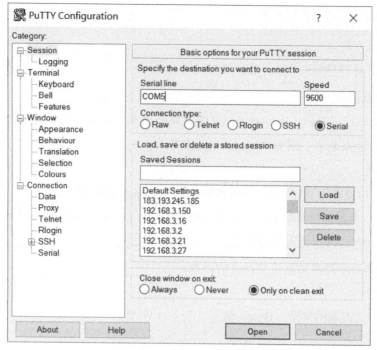

图 6-11　配置 PuTTY 软件

　　然后单击 Open 按钮，输入字符"hello jacky"，两个终端中出现的信息如图 6-12 所示，则表示串口通信已经建立成功并且通信成功了。

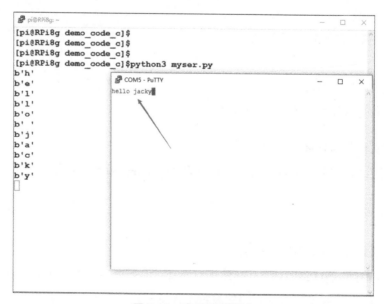

图 6-12　串口环回测试

6.4.2　通过 C 语言实现串口通信

在使用 C 语言进行串口通信前，需要使用 wiringPi 的库，因此需要参考前面章节配置 wiringPi。

1. 编写 C 语言代码

通过终端输入 vim.tiny serial_loop.c 来创建一个 C 语言的源码文件。

```c
#include <stdio.h>
#include <string.h>
#include <errno.h>
#include <wiringPi.h>
#include <wiringSerial.h>

int main(void)
{
    int serial_port;
    char data;

    if ((serial_port = serialOpen("/dev/ttyS0", 9600)) < 0)
    {
            fprintf(stderr, "Unable to open serial device: %s\n", strerror
(errno));
            return 1;
    }

    if (wiringPiSetup() == -1)
    {
    fprintf(stdout, "Unable to initialize wiringPi: %s\n", strerror
(errno));
    return 1;
    }

    while(1){
            if (serialDataAvail(serial_port))
            {
                    data = serialGetchar(serial_port);
                    printf("%c", data);
                    fflush(stdout);
```

```
                    serialPutchar(serial_port, data);
}
    }
}
```

编写完成后，保存并退出。

2. 编译

编译时需要添加 -lwiringPi 的参数以调用 wiringPi 的库：

```
gcc -o serial_loop -lwiringPi serial_loop.c
```

3. 执行并测试结果

在终端中执行代码，结果如图 6-13 所示。

```
sudo ./serial_loop
```

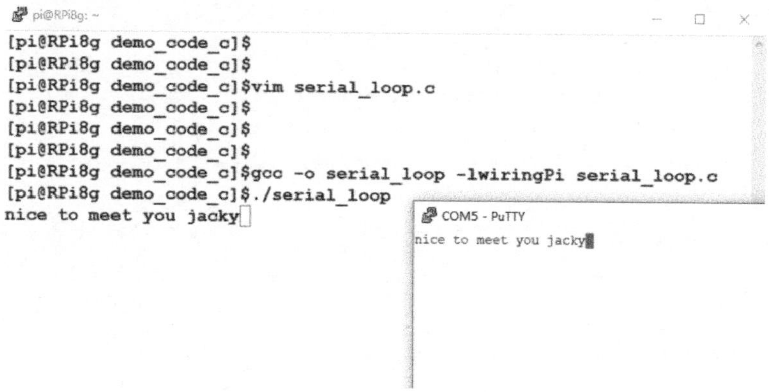

图 6-13　C 语言串口环回测试

6.4.3　拓展实例

将当前 CPU 温度信息通过串口传递给电脑串口终端。连接方式不变，只需要更改代码的内容即可实现：

```
import serial
import time
```

```
import subprocess as sp

ser = serial.Serial("/dev/ttyS0", 9600)

while True:
    cpu_temp = sp.getoutput('vcgencmd measure_temp').encode('UTF-8')
    ser.write(cpu_temp)
    ser.write('\r\n')
    print(cpu_temp)
    time.sleep(5)
```

将代码保存并执行，代码如图 6-14 所示。

```
python3 send_cpu_temp.py
```

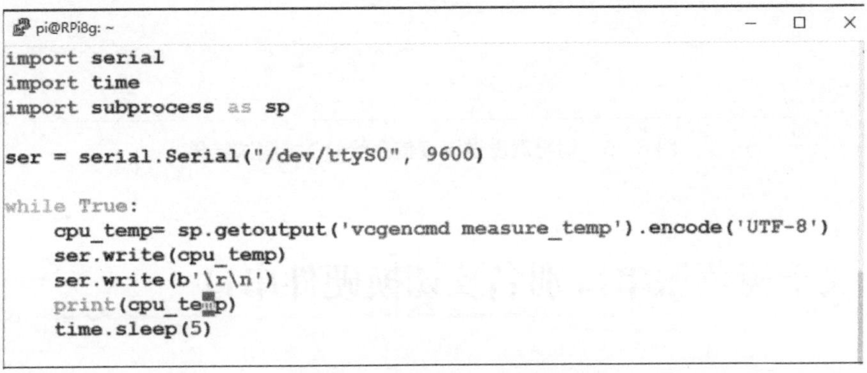

图 6-14　发送 CPU 温度代码

代码解释：

首先导入 subprocess 库并命名为 sp，然后实例化串口对象 ser。在循环里面，利用 subprocess 可以执行 Linux 系统命令的功能，获取执行 vcgencmd measure_temp 命令的结果，就是通过这条命令获取 CPU 温度信息，并通过 encode 进行编码，编码格式为 UTF-8，这样的编码才可以通过串口传输。然后通过 ser.write（数据）传输给串口，并且为了方便观察，又发送了 b'\r\n' 给串口终端，使其打印时进行换行。

拓展：

◆　\r = CR（回车）→在 X 之前的 macOS 中用作换行符。

◆　\n = LF（换行）→在 UNIX / macOS X 中用作换行符。

◆　\r\n = CR + LF →在 Windows 中用作换行符。

在树莓派端执行后，在 PC 端的 PuTTY 上就可以看到每隔 5 秒传来的 CPU 温度信息了，如图 6-15 所示。

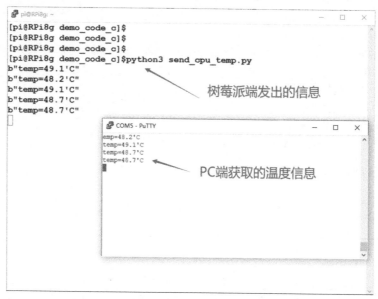

图 6-15　树莓派发送温度信息给 PC 端测试结果

6.5　关于树莓派串口别名及切换硬件串口

6.5.1　串口别名

上述的操作中，我们使用的串口是"/dev/ttyS0"，在树莓派 3 和树莓派 4 系列的产品中，这个串口是映射到 UART（GPIO14 和 GPIO15）接口的，但是其他型号的树莓派上可能由于没有板载的蓝牙模块，因此大多是映射到 ttyAMA0 的。因此，为树莓派 3 和 4 系列编写的程序可能不能兼容旧版树莓派的型号，如 Pi2、Pi1 代等。

为了提供端口名的可移植性，树莓派官方在系统中创建了串口别名，命名为 serial0 和 serial1。serial0 指的是映射到默认端口（ttyS0 或 ttyAMA0）的 UART 端口，因此我们可以将 ttyS0 或 ttyAMA0 替换为 serial0。当我们使用 serial0 作为 UART 端口而不使用 ttyS0 或 ttyAMA0 时，为树莓派 4 编写的程序也可以在其他旧的型号的树莓派上运行。

6.5.2　更换串口端口

为何要更换串口的端口呢？之前不是测试的也挺好用吗？当然，我们之前测试用的是 mini UART，在使用过程中，如果对实时性和吞吐量没有要求时，是也可以用的，只是为了更好更准确，或者是获取更高的性能，我们需要将默认被蓝牙占用的 ttyAMA0 端口释放出来，让 GPIO14 和 GPIO15 能够使用 ttyAMA0 来进行串口通信，因此我们需要交换 UART 端口，即将 ttyAMA0 映射到 GPIO14 和 GPIO15，并将 ttyS0 这个 mini UART 映射到蓝牙模块。这里需要使用树莓派官方系统镜像中的一个 overlay 文件进行更改。

① 可以将蓝牙模块映射到 mini UART（ttyS0）来完成串口端口交换。

```
miniuart-bt.dtb
```

② 可以完全禁用蓝牙来完成 ttyAMA0 端口的释放。

```
disable-bt.dtb
```

这两个设备树文件可以实现蓝牙的切换和禁用。

③ 操作方法是通过编辑 config.txt 文件并加入 dtoverlay 参数实现。

通过在终端中输入 sudo vim.tiny /boot/config.txt 来编辑该文档，在文档末尾或者中间插入下列参数：

```
dtoverlay=miniuart-bt
```

或者

```
dtoverlay=disable-bt
```

需要注意的是，等号两边是不能有空格的。

保存退出后，重启树莓派，在终端中执行下面的命令来检查端口映射状态。

```
ls -l /dev/
```

交换端口后的串口映射如图 6-16 所示。其中，"serial0 → ttyAMA0"表示硬件串口对应到了 serial0，因此我们通过 GPIO14 和 GPIO15 访问到的就是硬件串口了；而"serial1 → ttyS0"表示 mini UART 映射到了板载的蓝牙模块，其使用方法和之前使用 mini UART 一样。

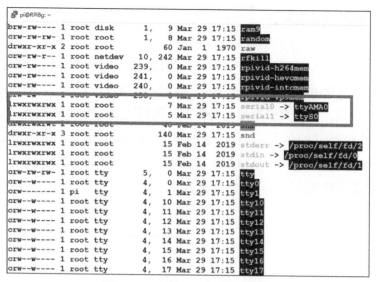

图 6-16　交换端口后的串口映射

6.6　总　结

通过这个小实验会发现，串口的操作其实非常简单，还有很多常见的串口模块可以在树莓派上使用。例如，GPS 卫星定位模块、SIM800A、SIM900A 通信模块等；插入一张 SIM 卡，树莓派还可以拨号上网；蓝牙模块 HC-05，作为蓝牙透传设备也可以通过串口接入树莓派；航模爱好者喜欢使用的飞控模块，大都可以通过串口接入树莓派；Pixhawk apm 也可以通过串口和树莓派通信，构建数传的环境。

第 7 章
树莓派 PWM 介绍及应用实例

引 言

什么是 PWM ？ PWM（Pulse Width Modulation，脉冲宽度调制）是对模拟信号电平进行数字编码的方法。PWM 信号控制负载的情况非常多见。在工控行业，PWM 信号可以用来调节电机转速、调节变频器以及 BLDC 电机驱动等；在 LED 照明行业，可以通过 PWM 来控制 LED 灯的亮暗变化；还可以通过 PWM 信号来控制无源蜂鸣器发出简单的声音以及实现功率继电器的线圈节能等。我们生活中很多产品都可以用 PWM 信号来完成控制，例如渐变的电灯、可调速的玩具车、四轴飞行器的电调控制，甚至声音的合成等。

7.1　PWM 控制原理

以下专业名词解释需要大家预先了解一下。

◆　PWM 周期：周期 (T) = 1 / 频率 (f)。如频率为 50Hz，其周期为 20ms。

◆　占空比：dutycycle ratio = $T_{on}/(T_{on} + T_{off})$，就是指在一个周期

T 内，信号处于高电平的时间 T_{on} 占据整个信号周期 T 的百分比，例如方波的占空比就是 50%。

◆ 分辨率（Resolution）：就是占空比最小能达到多少，如 8 位 PWM 的范围就是 1~255，10 位 PWM 的范围就是 1~1023。假如规定：当 $t = 0$ 时，称占空比为 0%，当 $t = T$ 时，称占空比为 100%，那么 8 位 PWM 即为把 100% 的占空比分为 256 等份（2 的 8 次方），10 位 PWM 即为将其分为 1024 等份，细分的等份越多，分辨率就越高，控制精度就越高。图 7-1 中前一周期，占空比为 20%，后一周期占空比为 50%，高电平持续的时间和低电平持续的时间一样长。

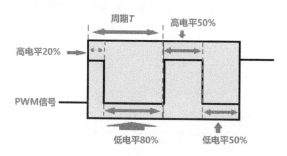

图 7-1　PWM 信号周期占空比

7.2　树莓派 PWM 通道信息

树莓派 4B 上有 2 个 PWM 通道，对应着 4 个 GPIO 引脚，能够通过对这 4 个 PWM 引脚的使用来控制外部设备，例如控制 LED 呼吸灯、控制电机转速，或者控制舵机运动等。这几个引脚如表 7-1 所示。

表 7-1　树莓派支持 PWM 的引脚名称及其所在通道

物 理 引 脚	BCM 引脚名称	wPi 引脚名	所 属 通 道
Pin 12	18	1	PWM0
Pin 32	12	26	PWM0
Pin 33	13	23	PWM1
Pin 35	19	24	PWM1

对应树莓派 Pinout 如图 7-2 所示。

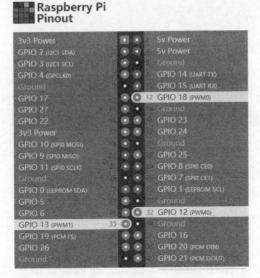

图 7-2 树莓派 Pinout 信息

树莓派引脚及 PWM 通道对应关系如图 7-3 所示，注意方框标注部分。

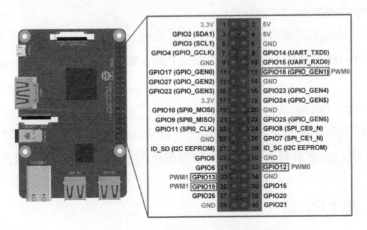

图 7-3 树莓派引脚及 PWM 通道对应图

7.3 wiringPi 库的 PWM 接口介绍

7.3.1 硬件 PWM

如果想要在 C 语言的环境下使用硬件 PWM 接口，需要包含头文件：

```
#include <wiringPi.h>
```

在头文件中定义的函数原型里包含了所有操作 PWM 的函数原型，其中包含：

◆ pwmSetClock (int divisor)

参数说明：divisor 是设置 PWM 时钟的分频，取值范围为 2～4095。

注意： PWM 的基础时钟为 19.2MHz，wiringPi 库在初始化时默认 divisor 值是 32，因此默认 PWM 时钟就为 PWM_{freq} = 19.2 x 1000 x 1000 / 32 = 600kHz。

◆ pwmSetMode (int mode)

参数说明：mode 指 PWM 发生器能在两种模式下工作，即 Balanced 和 Mark:Space 模式，可通过参数 PWM_MODE_BAL 和 PWM_MODE_MS 来进行切换。Mark:Space 是传统 PWM 模式。

树莓派默认 PWM 工作在 Balanced 模式。如需要重新设置占空比，就要设置为 Mark:Space 模式，例如遇到频率较低的舵机设备，50Hz 的运行环境需要树莓派调整到传统模式来支持。

◆ pwmSetRange (int range)

参数说明：range 用来设置 PWM 的周期范围，也可以认为是细分范围，默认值是 1024。以 600kHz 的 PWM 时钟为例，假设 PWM 输出频率为 freq，则 range =（600 × 1000Hz）/ freq 。

◆ pwmWrite (int pin, int value)

参数说明： pin 为硬件 PWM 引脚编号（以 wiringPi 命名的编号），将在该引脚上产生 PWM 信号；value 设置占空比，value 取值范围为 0～range，默认范围为 0~1023。

7.3.2 软件 PWM

除了使用特定的硬件接口来实现 PWM，还可以通过软件在引脚模拟 PWM 的工作方式来实现。使用软件 PWM 接口需要包含头文件：

```
#include <softPwm.h>
```

主要函数包括：

◆ softPwmCreate (int pin, int value, int range)

该函数用来创建软件控制 PWM，能在树莓派的任意 GPIO 引脚生成 PWM 信号。

参数说明：

◆ pin：要产生 PWM 信号输出的 GPIO 引脚编号。

◆ value：指定在 PWM range 之间的任何一个初始值。

◆ range：PWM 的细分范围。设置 range 为 100，则 PWM 频率为 100Hz，value 取值范围为 0~100。这些值对产生不同占空比的 PWM 是有很有用的。

注意： $PWM_{freq} = 1 \times 10^6 / (100 \times range)$，单位为 Hz。其中，100 是源码中提供的固定参数。因为为了保持较低的 CPU 占用率，最小脉冲宽度为 100 μs。将其与默认的 rang(100) 结合在一起，可以得到 100Hz 的 PWM 频率，虽然可以降低范围来提高频率（以牺牲分辨率为代价提高频率）也可以增加范围以获得更高的分辨率，但是会降低频率，但是如果最小脉冲宽度就会让树莓派的 CPU 占用率急剧上升，因此带来的就是大量的热，CPU 温度会很高，并且几乎不可能同时控制多个引脚。另外还要注意的是，尽管运行的程序可以以较高的优先级运行，但是由于 Linux 系统运行的特殊性，还是会影响所生成的信号的准确性，因此在要求比较高的领域，建议还是使用单片机来操作。

◆ softPwmWrite (int pin, int value)

参数说明：

pin：要控制的 GPIO 引脚，即在 softPwmCreate 函数中设置过的 GPIO 引脚。

value：占空比值，范围：0~range。

◆ softPwmStop (int pin)

参数说明：

pin：要关闭的 GPIO 引脚。

7.3.3　软件 PWM 注意事项

◆ PWM 输出的每个"周期"都需要 10ms 的时间，默认 rang 为 100，因此尝试将 PWM 值每秒更改 100 次以上是无效的。

◆ 在 softPWM 模式下激活的每个引脚占用大约 0.5% 的 CPU。

◆ 在程序运行时无法禁用引脚上的 softPWM。

◆ 需要保持程序运行以维持 PWM 输出，程序结束，输出也就结束了。

7.4　PWM 应用项目实战

7.4.1　呼吸灯效果

呼吸灯效果是指灯光在单片机或者开发板控制下完成的由亮到暗渐变的效果，感觉好像是人在呼吸，曾被广泛引用在手机的通知提醒功能中，现在越来越多地被应用在键盘背景灯、风扇风速调节、电控灯光的调光中。

在树莓派上实现这个功能，可以借用之前点灯的电路图，将 LED 的控制引脚接入树莓派的物理 12 号引脚（wPi 1 号引脚 /BCM18 号引脚），如图 7-4 所示。

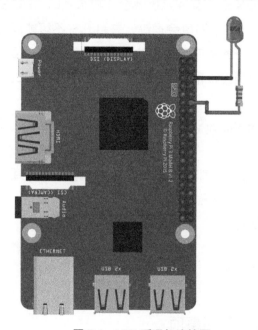

图 7-4　LED 呼吸灯连接图

接下来可以在树莓派上打开一个终端，通过 vim.tiny 编写一个通过硬件 PWM 直接驱动的 breathled.c，代码如下：

```
#include <stdio.h>
#include <stdlib.h>
#include <wiringPi.h>

const int LED = 1;
```

```c
int main(void)
{
  int level;

  if (wiringPiSetup() == -1) {
        printf("Error to initializing wiringPi\n");
        exit(1);
  }

  pinMode(LED, PWM_OUTPUT);

  for(;;)
{
for (level=1023; level >= 0 ; --level)
        {
        pwmWrite(LED, level);
        delay(1);
        }
delay(1);
for (level=0; level < 1024 ; ++level)
        {
        pwmWrite(LED, level);
        delay(1);
        }
delay(1);
}
}
```

保存退出后，利用 gcc 编译命令将其编译成二进制可执行文件，并执行：

```
gcc -o breathled -lwiringPi breathled.c
sudo ./breathled
```

此时会惊奇地发现，LED 灯像有了生命一样，随着呼吸的节奏，忽明忽暗，如果有两颗绿色的 LED 灯，就像夜色中两只狼眼在黑暗中闪烁着悠悠的光芒。

软件 PWM 也可以应用在任何引脚并使之产生 PWM 信号，如果是使用 C 语言的软件 PWM 应该怎么编写呢？下面分享一个简单的案例，文件名为 softpwm_led.c，代码如下：

```c
#include <wiringPi.h> /* 包含 wiringPi 库的头文件 */
```

```c
#include <stdio.h>
#include <softPwm.h>    /* 这里还要包含软件 PWM 的头文件 */

const int LED= 1;        /* 使用 wiringPi 1 号引脚也是 BCM GPIO18，也是物理 12
号引脚 */

int main(){
    int level;

wiringPiSetup();         /* 初始化 wiringPi*/

pinMode(LED,OUTPUT);     /* 设置引脚输出方向 */

softPwmCreate(LED ,1,100);        /* 这里实现初始化软 PWM ，其中 1~100 是周期范围 */
    while(1)
      {
          for (level= 0; level < 101; level++)
          {
            softPwmWrite (LED, level); /* 改变 PWM 的周期 */
            delay(10) ;
          }
          delay(1);

          for (level = 100; level >= 0; level--)
          {
            softPwmWrite (LED, level);
            delay(10);
          }
          delay(1);

      }
}
```

编译代码并执行生成的二进制文件：

```
gcc -o softpwm_led.c -lwiringPi softpwm_led.c
./softpwm_led
```

此时就可以看到灯光忽明忽暗的呼吸效果了，这里没有在命令前使用 sudo，是因为没有直接操作硬件，所以不需要提升权限，但是效果和之前是一样的。

接下来尝试使用 Python 语言生成 PWM。 Python 在 Raspberry Pi 上生成的 PWM 是软件 PWM，该 PWM 的时序分辨率为 1 μs，比使用 C 语言（wiringPi 库）生成的软件 PWM 更好。在树莓派的官方系统 Raspberry Pi OS 中默认安装了 RPi.GPIO 的 Python 库，如果系统中没有，也可以利用下面的命令进行安装：

```
sudo apt -y install python3-rpi.gpio rpi.gpio-common
```

或者

```
pip3 install RPi.GPIO
```

下面就可以编写一个 breathled.py 的文件，并输入如下代码：

```
import RPi.GPIO as GPIO
from time import sleep

ledpin = 12                       # 指定引脚，这里用的是物理引脚编号
GPIO.setwarnings(False)           # 关闭引脚已使用的警告
GPIO.setmode(GPIO.BOARD)          # 设置引脚编号系统，BOARD 表示物理引脚命名方式
GPIO.setup(ledpin,GPIO.OUT)
pwm = GPIO.PWM(ledpin,1000)       # 创建 PWM 实例并设置频率为1000Hz
pwm.start(0)                      # 以占空比 0 来作为开始启动这个 PWM 实例
while True:
for duty in range(0,101,1):
pwm.ChangeDutyCycle(duty)         # 提供范围在 0~100 的占空比变化
sleep(0.01)
sleep(0.5)

for duty in range(100,-1,-1):
pwm.ChangeDutyCycle(duty)
sleep(0.01)
sleep(0.5)
```

保存并测试，在终端中输入：

```
python3 breathled.py
```

应该看到和 C 代码测试时相同的结果，LED 灯在忽明忽暗地闪烁。

7.4.2 舵机控制

1. 舵机分类和特性

舵机通常是指在自动驾驶仪中操作飞机舵面（操作面）转动的一种执行部件。

根据应用场景，舵机可以分为三大类：

◆ 甲板机械中的舵机，通常指船舶甲板舵机。

◆ 电动舵机，一般指导弹控制系统中的舵机，高精度舵机控制导弹姿态的变换。

◆ 航模舵机，价格便宜，精度稍低，输出力矩大，稳定性中等，控制简单。

生活中常见的航模舵机，其构造基本上是由塑料或者金属外壳、电路板、驱动马达、减速器与位置检测元件所构成。其工作原理是由控制器发送脉冲或指令给舵机，经由电路板上的 IC 驱动马达开始转动，通过减速齿轮将动力传输到舵机输出齿轮并带动摆臂或者传动机构运动。同时由位置检测元件（通常为电位计，精度高的会使用非接触式磁性编码器）检测位置信息判断是否到达目标位置。

常见舵机及其构造如图 7-5 和图 7-6 所示。

图 7-5　9g 航模舵机　　　　图 7-6　舵机内部构造

根据数据通信类型，舵机可以分为两类：

◆ 数字舵机 Digital Servo。

◆ 模拟舵机 Analog Servo。

数字舵机和模拟舵机具有非常相似的结构和组件，它们都使用相同类型的电机、齿轮、外壳，并有一个电位计。

模拟舵机在接收到转动命令时，接收该信号并以每秒约 50 个周期的速度向舵机发送脉冲，进而将电机移动到由电位计确定的所需位置。

数字舵机添加了微处理器用于接收信号，然后调整舵机的脉冲长度和功率，以实现最佳的舵机性能和精度。数字舵机以更高的频率将这些脉冲发送到电机，每秒约 300 个周期。这有助于消除死区，提供对舵机的更快响应，更平滑的电机运动，并且比模拟舵机具有更高的细分精度和扭矩。

从主控输出方面来看，模拟舵机需要主控一直输出 PWM 信号，因此开销较大；数字舵机脉冲频率较高，功耗比模拟舵机高，也比模拟舵机更昂贵。

根据实际使用转动的范围，航模舵机可以分为两类：

◆ 180° 舵机。

◆ 360° 舵机。

舵机内部的基准电路会产生周期为 20ms、频率为 50Hz、高电平宽度为 1.5ms 的基准信号，这个信号对应的是舵机转到中间位置的信号。通过比较信号线获取的 PWM 信号与基准信号之间的电压差使电机转动。控制舵机的高电平持续时间范围为 0.5~2.5ms。其中 0.5ms 为最小角度 0°，2.5ms 为最大角度 179°。以 SG90 9g 180° 舵机为例，假定 0.5ms 的脉冲宽度为舵机的 0° 角，那么脉冲持续时间与占空比和角度的对应关系如表 7-2 所示。

表 7-2　180° 舵机脉宽与角度对应表

高电平持续时间 /ms	舵机转过的角度 / (°)	占空比 /%
0.5	0	0
1.0	45	25
1.5	90	50
2.0	135	75
2.5	179	100

360° 舵机是一个闭环控制的舵机，当给它特定的 PWM 信号时，它只是在速度和方向上发生变化，并不能像 180° 舵机一样固定停留在某个角度上。当 PWM 信号持续时间为 0.5~1.5ms 时，它开始向一个方向（正向）旋转；当 PWM 信号持续时间为 1.5~2.5ms 时，就开始反向加速旋转，并随着数值趋近于 2.5ms，速度增加到最大。

表 7-3 所示为 360° 舵机 PWM 信号持续时间与运动速度的关系。

表 7-3   360° 舵机 PWM 信号持续时间与速度对应表

PWM 信号持续时间 /ms	舵机运动速度
0.5	正向最大转速
1.5	速度停止为 0
2.5	反向最大转速

2. 舵机引脚的标识

以 180° 舵机为例，通常有三根线：红色为 +5V，黑色为 GND（地线），黄色或者棕色为信号线（PWM 信号），如图 7-7 所示。

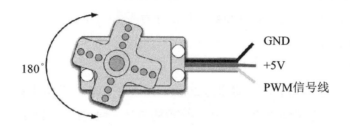

图 7-7   舵机线标识

3. 使用硬件 PWM 驱动舵机

由于树莓派 PWM 默认模式是 Balanced 模式，在这个模式下 PWM 的频率要远高于航模舵机应用频率 50Hz，所以需要将 PWM 切换到 Mark:Space 模式（占空比模式）。树莓派的官方资料显示 PWM 时钟基础频率为 19.2MHz，通过配置 Set Clock ( ) 函数设置分频，系统默认是 32 分频，我们需要根据公式计算：

```
19.2MHz = 19.2 * 10^6 = 19.2e6 Hz = 19200000 ，这里就用科学计数法表示了
```

然后再通过下面的公式进行计算就可以得出 PWM 目标频率的值：

PWM 目标频率 Hz ＝树莓派时基频率 /（PWM 时钟分频 × 细分精度（周期））

我们可以通过设置 PWM 时钟的方式来获取 50Hz 的分频，将目标频率的值带入公式就得出：

$$50Hz = 19.2 \times 10^6 \, Hz /（PWM \text{ 时钟分频} \times 200）$$

通过以上公式计算得出 PWM 时钟分频为 1920，但是 200 这个值细分不够，舵机在运动时肯定会一抖一抖的，想要平滑一些可以增加这个 PWM 的上限，那么如果扩大 10 倍控制精度会更高一些。假设我们设置 PWM 上限增加到 2000，就是 200 的 10 倍。

那么要想获得 50Hz 的频率，我们需要使用多少分频？根据上面的公式。50Hz =

19.2×10^6 Hz /（PWM 时钟分频 ×2000），可以得出 PWM 时钟分频为 192，那么舵机角度对应与占空比对应表如表 7-4 所示。

表 7-4　舵机角度与占空比对应表

舵机角度 /（°）	细分精度值	占空比 /%
0	50	50/2000 = 2.5
45	100	100/2000 = 5
90	150	150/2000 = 7.5
135	200	200 /2000 = 10
180	250	250/2000 = 12.5

实际控制时的值可能稍有出入，需要根据个体差异微调。将舵机的 PWM 引脚替换到 LED 的控制引脚，并且暂时使用树莓派 5V 引脚测试，需要注意的是，树莓派的引脚供电能力比较弱，不建议长时间和大批量连接舵机，当需要连接舵机数量比较多时，需外接一个 PCA9685A 的舵机扩展板并使用外部电源给舵机供电，否则容易烧坏树莓派。

打开终端并尝试使用 vim.tiny 编辑器编写代码 myservo.c，命令执行只需要输入：

```
vim,tiny myservo.c
```

按 Enter 键即可进入编辑模式，尝试使用下列代码来驱动舵机。

```c
#include <wiringPi.h>      /* 引入头文件 */
#include <stdio.h>
#include <stdlib.h>

const int servo_Pin = 1;   /* 定义舵机pwm引脚, 仍然使用之前 LED 使用的引脚 */

int main(void)
{
  printf("Servo Test Program\n");
  if(wiringPiSetup() == -1)        /* 检查初始化 wiringPi 设置是否失败 */
{
        printf("Can not initialize wiringPi\n");
        exit(1);
}
pinMode(servo_PIN, PWM_OUTPUT);       /* 设置引脚为 PWM 输出 */
  pwmSetMode(PWM_MODE_MS);             /* 设置 Mark:Space 模式 */
  pwmSetClock(192);                    /* 设置分频 */
  pwmSetRange(2000);                   /* 设置细分精度范围 */
```

```
    printf("Current angle: 0\n);
    pwmWrite(servo_PIN, 100);              /* 写入脉宽值 */

    printf("Current angle: 45\n);
    pwmWrite(servo_PIN,150);

printf("Current angle: 90\n);
    pwmWrite(servo_PIN, 200);

printf("Current angle: 135\n);
    pwmWrite(servo_PIN, 250);

printf("Current angle: 180\n);
    pwmWrite(servo_PIN, 300);

    for (int i=0; i<=760; i++){
        pwmWrite(servo_PIN, i);
        delay(200);
}
printf("Done\n");
return 0;
}
```

保存并退出，这段代码中最核心的部分如下：

```
pinMode(servo_PIN, PWM_OUTPUT);        /* 设置引脚为 PWM 输出 */
    pwmSetMode(PWM_MODE_MS);            /* 设置 Mark：Space 模式 */
    pwmSetClock(192);                  /* 设置分频 */
    pwmSetRange(2000);                 /* 设置细分精度范围 */
```

　　运行过程中理论值和实际值还是有差距的，需要慢慢调整。本书所用舵机在 range=760 时达到右边最大，定义为 180°；当 range=0 或者 50 时，达到左边最小，定义为 0°。

　　最后一个 for 循环会让舵机安静地进行非常细分的转动，如丝般顺滑，即便外接一个摄像头，拍摄出来的视频也不会产生很大的抖动。在其运行的过程中，基本听不到普通舵机转动时发出的强烈噪声，简直是完美。

　　当舵机数量增加后，又该如何接入树莓派呢？这也是一个困扰很多入门级 DIY 玩家的问题。一般情况下，当接入的舵机数量多于 2 个时，都需要使用 PCA9685A 驱动板来接驳树莓派，一方面，可以通过 I^2C 协议直接和树莓派通信，这样可以大大减少树莓派 GPIO 引脚的浪费；另一方面，可以更有效地管理多个舵机的集中供电问题。如果想制作一个蜘蛛机器人，这个机器人有四条腿，每条腿 4 个舵机，这样就产生了 16 路舵机的控制需求，那么一个标准的 PCA9685A 舵机驱动板就可以同时接入 16 路舵机，从而一次性解决了后顾之忧。而且供电也有稳定的电源管理芯片在驱动板上，避免了损坏树莓派 GPIO 的隐患。

　　通过上述分析和讲解，读者是否对 PWM 在树莓派上的基本操作有所了解？赶快尝试一下，拿起手边的舵机，搭建一个随风而动的机械臂吧！

第8章
树莓派开源网络应用实例

引　言

　　树莓派的 Linux 系统上通过安装不同的软件可以实现很多应用服务器的功能。例如安装了 N　hginx 可以配置成 LNMP 的架构，实现一个动态网站的框架结构；如果安装了 SAMBA 软件，可以让树莓派变身成为一个局域网共享文件服务器；连接外部硬盘简单配置便可以搭建一台家用 NAS（Network Attached Storage，网络附属存储）；如果配置了 NFS 还可以实现 Linux 系统和 Mac 系统之间的文件共享。

　　更有意思的是，可以提供开发板开发环境的搭建，让学习嵌入式编程的小伙伴通过树莓派提供的平台就可以玩转 Arduino、树莓派 Pico、STM32 等单片机。如果安装了 VSFTPD 软件包，简单的配置过后，树莓派就摇身一变成为一台 FTP 文件传输服务器；如果喜欢自己建立代码仓库版本控制平台，可以安装 Gitlab 软件包，将树莓派变身为代码管理服务器。

　　还可以利用 Python 在树莓派的环境中搭建一个 markdown 文本的小型文档整理站，将文档都记录在自己的树莓派上，方便查阅。

运维工程师也可以使用树莓派运行 SNMP 协议来遍历局域网中的设备信息，并通过 MRTG 显示监控详情。此外，还可以利用树莓派搭建邮件服务器和 DNS 域名解析服务器。

下面就通过几个实例简单演示一下如何在树莓派上搭建这些服务。

8.1　树莓派搭建 RTMP 流媒体服务器

RTMP（Real Time Messaging Protocol）是由 Adobe 公司基于 Flash Player 播放器所支持的 flv 封装格式视频所开发的一种基于 TCP 协议的数据传输协议，通常被应用于流媒体直播、点播等应用场景。

在 Raspberry Pi OS 软件仓库中，包含了一个用于 Nginx 和 RTMP 的包，通过这两个包不仅可以搭建简单的 Web 服务器，还可以实现一个流媒体推流服务器，可以让局域网中的用户通过 VLC 或者 OBS 软件实时观看流媒体的内容。在家庭环境中，如果搭建这样一个流媒体服务器，可以实现家庭媒体中心，将平时录制的视频和下载的视频推流给局域网中的手机、计算机等设备，甚至可以推到支持 WiFi 连接的播放器盒子。Raspberry Pi 使用的是 ARMv7l 架构（uname –m 命令可以获取），对于该架构 RTMP 模块也可以直接安装，并且通过 apt 安装软件比手动编译更加容易。

8.1.1　安装 Nginx 及模块

在系统配置好以后，打开一个终端并执行下面的命令安装相关软件和模块：

```
sudo apt-get update
sudo apt-get -y upgrade
sudo apt-get -y install nginx libnginx-mod-rtmp
```

更新仓库如图 8-1 所示。

图 8-1　更新仓库

升级软件包如图 8-2 所示。

图 8-2　升级软件包

重启系统后，继续安装 Nginx 和 libnginx-mod-rtmp 模块，安装 Nginx 软件包如图 8-3 所示。

```
pi@upstest: ~                                          —   □   ×
[pi@upstest ~]$
[pi@upstest ~]$
[pi@upstest ~]$sudo apt-get -y install nginx libnginx-mod-rtmp
Reading package lists... Done
Building dependency tree
Reading state information... Done
The following packages were automatically installed and are no longer required:
  gconf-service gconf2-common libexiv2-14 libgconf-2-4 libgfortran3
  libgmime-2.6-0 lxplug-volume python-colorzero uuid-dev
Use 'sudo apt autoremove' to remove them.
The following additional packages will be installed:
  libnginx-mod-http-auth-pam libnginx-mod-http-dav-ext libnginx-mod-http-echo
  libnginx-mod-http-geoip libnginx-mod-http-image-filter
  libnginx-mod-http-subs-filter libnginx-mod-http-upstream-fair
  libnginx-mod-http-xslt-filter libnginx-mod-mail libnginx-mod-stream
  nginx-common nginx-full
Suggested packages:
  fcgiwrap nginx-doc
The following NEW packages will be installed:
  libnginx-mod-http-auth-pam libnginx-mod-http-dav-ext libnginx-mod-http-echo
  libnginx-mod-http-geoip libnginx-mod-http-image-filter
  libnginx-mod-http-subs-filter libnginx-mod-http-upstream-fair
  libnginx-mod-http-xslt-filter libnginx-mod-mail libnginx-mod-rtmp
  libnginx-mod-stream nginx nginx-common nginx-full
```

图 8-3　安装 Nginx 软件包

Nginx 的主配置文件位于 /etc/nginx/ 目录中：

◆　主配置文件是 nginx.conf，其中配置了 http 的连接方式。

◆　实际服务器位于 /etc/nginx/sites-enabled/default，并且默认监听 TCP 的 80 端口，
　　这个 default 是默认站点，一般 Nginx 安装完成后，默认启动时就使用这个配置
　　文件。

主配置文件目录如图 8-4 所示。

```
pi@upstest: ~                                          —   □   ×
[pi@upstest ~]$
[pi@upstest ~]$
[pi@upstest ~]$ls -l /etc/nginx/sites-enabled/
total 0
lrwxrwxrwx 1 root root 34 Jun 22 13:49 default -> /etc/nginx/sites-available/default
[pi@upstest ~]$ls /etc/nginx/
conf.d           koi-utf       modules-available    proxy_params      sites-enabled    win-utf
fastcgi.conf     koi-win       modules-enabled      scgi_params       snippets
fastcgi_params   mime.types    nginx.conf           sites-available   uwsgi_params
[pi@upstest ~]$
```

图 8-4　nginx 主目录

在启用了站点的服务器上删除它的符号链接（symbolic link），就可以停用本地主
机上的默认服务器。删除默认站点并重新启动服务器，检查服务器状态，如图 8-5 所示。

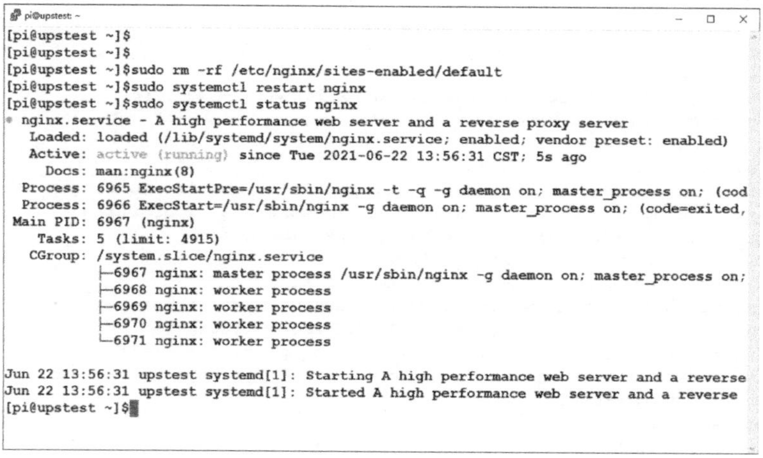

图 8-5　Nginx 服务器状态

到目前为止，Nginx 就已经配置好并正常运行，下一个步骤就是启用 RTMP。

8.1.2　启用 RTMP

这里需要一些小技巧，需要大家在 /etc/nginx 目录中创建一个名为 rtmp.conf 的文件，并在这个文件中包含 RTMP 服务器的配置。这个配置将会使 RTMP 模块监听 TCP 协议端口 1935，并发布一条名为 live 的 RTMP 的 URL（统一资源定位），就是通常所说的网页链接。这是 RTMP 的客户端访问时连接的 URL：

```
cd /etc/nginx
sudo vim.tiny rtmp.conf
```

添加如下内容：

```
rtmp {
server {
listen 1935;
chunk_size 4096;
application live {
live on;
record off;
}
}
}
```

上述代码中，application 后面的 live 就是直播的名字。在 Nginx 中启用 RTMP 配置，需要更改 nginx.conf 主配置文件，使其在 Nginx 服务器启动时加载 rtmp.conf 的配置文件，在 nginx.conf 配置文件中添加：

```
include /etc/nginx/rtmp.conf;
```

这些语句后面的分号（;）不能缺少，如图 8-6 所示。

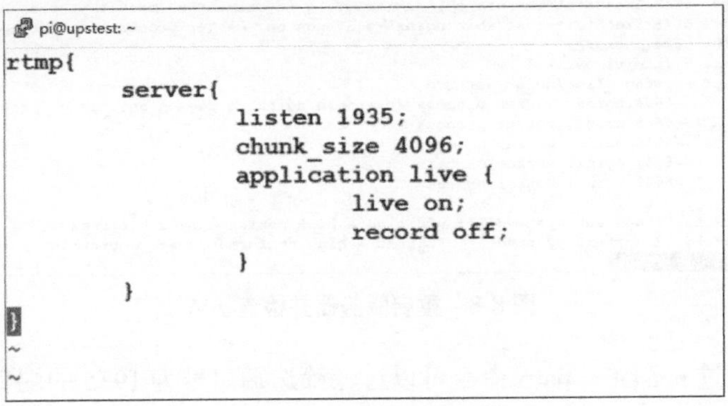

图 8-6　RTMP 配置文件

接下来编辑 nginx.conf 配置文件：

```
sudo vim.tiny /etc/nginx.conf
```

添加 include 语句并声明 nginx.conf 文件的配置路径，以分号（;）结尾，如图 8-7 所示。

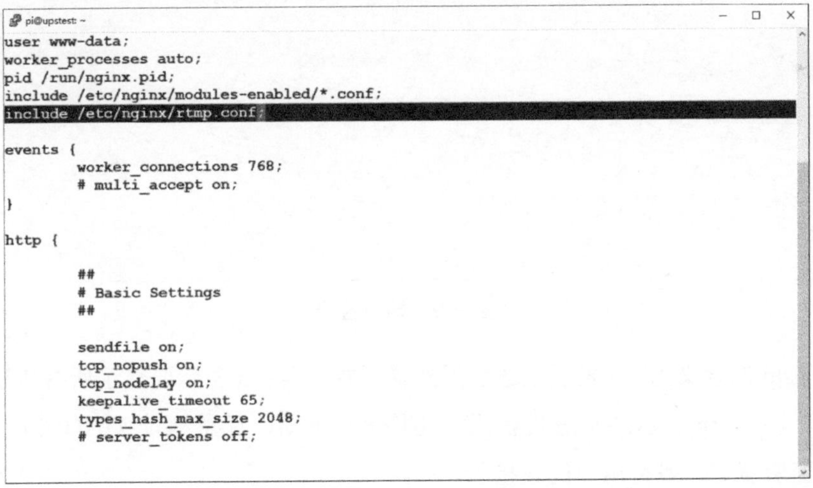

图 8-7　nginx.conf 配置

配置完成后，通过下面命令重启 Nginx 服务器，并检查端口开放情况，如图 8-8 所示。

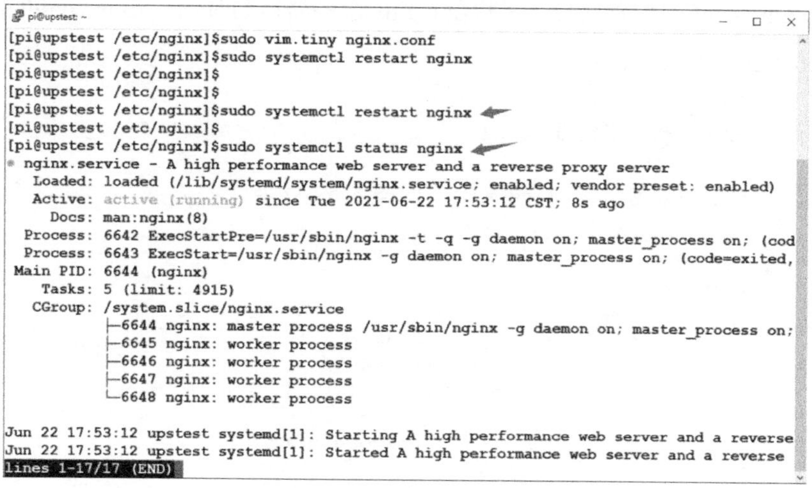

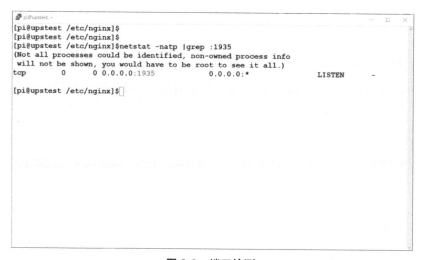

图 8-8　重启服务器并检查状态

重启后，通过 netstat － natp 命令可以过滤筛选端口号为 1935 的端口信息，如图 8-9 所示。

图 8-9　端口检测

参数 natp 的含义为：n 表示以数字形式显示端口号；a 表示要显示所有协议的端口；t 表示 TCP 协议；p 表示显示进程信息。由图 8-9 可知，任意地址（0.0.0.0）的 1935 端口已经在监听状态，等待用户的连接了。

8.1.3　客户端连接测试

上述配置完成后，就可以用 OBS Studio 尝试链接直播服务器了。

OBS Studio 官方界面如图 8-10 所示。

图 8-10　OBS Studio 界面

这个软件是目前直播推流比较常用的软件，支持 Windows、macOS 和 Linux 系统。下载并安装完成后，在打开的页面中单击"开始推流"按钮，如图 8-11 所示。

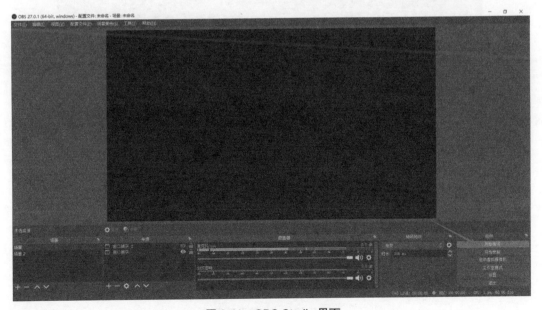

图 8-11　OBS Studio 界面

在第一次配置时会提示"缺少流设置"，如图 8-12 所示。

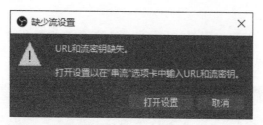

图 8-12　OBS 警告

单击"打开设置"按钮，选择"推流"，然后按照图 8-13 所示填入参数信息，其中 IP 地址需根据实际情况填写。具体参数如下：

◆　服务：自定义。

◆　服务器：rtmp: //192.168.3.47: 1935/live。

◆　串流密钥 :test。

这里的服务器是我们搭建的 Nginx 服务器，RTMP 模块监听地址和端口，以及提供的 URL。

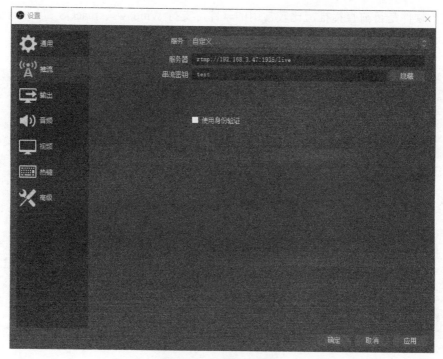

图 8-13　"推流"配置

　　依次单击"应用"和"确定"按钮，通过选择"开始推流"即可将当前窗口捕获的信息推流到树莓派上。如果想测试是否有效，可以在计算机上开启 VLC 播放器并连接到 rtmp://192.168.3.47：1935/live/test 进行观看。如果手机上安装了 VLC 播放器，也可以通过手机观看（前提是手机已经连入和树莓派相同的局域网），VLC 播放器如图 8-14 所示。

图 8-14　VLC 播放器

　　接下来，选择"媒体→打开网络串流"选项，如图 8-15 所示。

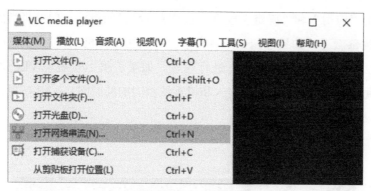

图 8-15　VLC 配置

按照图 8-16 所示完成网络 URL 配置。

图 8-16　网络 URL 配置

注意： 这里的协议要写 rtmp，不要打成 rtsp，二者截然不同。

　　配置完成后，单击 "播放" 按钮，经过几秒的缓冲，就可以看到直播的内容了，缓冲时间根据当前网络连接的状态会有些许不同，播放效果如图 8-17 所示。

图 8-17 VLC 播放网络流媒体

如果打开了摄像头，那么只要你的设备有支持网络流播放的软件就可以观看直播了，此时树莓派在网络中充当了一个流媒体服务器。一位叫牛哥的航模爱好者就是利用树莓派 zero w 结合摄像头制作了一个小型的船模上使用的图传设备，不仅可以传输数据到树莓派，还可以传输到计算机上，通过 QGroundControl 来查看船模行驶时航路的图像信息。当然会受到 WiFi 网络信号的限制，但是依然是一个非常好的应用场景。

8.2　树莓派搭建 Samba 文件服务器

8.2.1　什么是 Samba 文件服务器

Samba 是 SMB（service message block，服务消息块）网络协议，它允许 Linux 计算机无缝集成到微软（Microsoft）的活动目录环境中，而且还能够支持与其他的 Mac、Linux 操作系统进行文件共享，实际上就是跨操作系统进行文件共享的一种服务。网络上常见的家庭内部共享服务器其实很多就是用 Samba 软件搭建的。说起 Samba 这个名字，其实网传还有一个蛮有意思的来历，就是当年开发 SMB 协议的工程师要给软件起个名字，想在这个名字中包含 smb 三个字母，写了一段代码从字典中做字符匹配，第一个跳入眼帘的就是 samba，他当时想，这个 samba 其实是原指桑巴舞，热情似火，和他内心想要分享开源软件的想法一样，也是内心热情似火，还挺好记忆，所以，Samba 就成了 SMB 协议的软件名称。

CIFS 或通用 Internet 文件系统是 SMB 协议来实现的。在现代设置中，CIFS 或 SMB 可互换使用，但大多数人会使用术语 SMB。

通过在树莓派上使用 Samba，可以轻松地以几乎所有操作系统都可以访问的方式共享目录，这是非常关键的一个应用。

Samba 是最容易设置和配置文件服务器的服务器之一，这使其成为设置 NAS 的最佳解决方案之一，尤其是针对 Windows 系统，它更是不二之选。

8.2.2　需要准备的设备

设备准备如下：
◆ 1 个树莓派。
◆ 1 张 MicroSD 卡（TF 卡），容量可以根据实际情况自行选择。
◆ 1 个 5V/3A 的 USB-C 接口的电源。
◆ 1 根千兆以太网网线（可选，因为使用 WiFi 方式也比较方便）。
◆ 1 个大容量的外置硬盘（USB3.0 接口），磁盘可以使用 SSD（Solid Storage Disk，固态硬盘）。

需要注意的是，用机械式硬盘也可以，但是鉴于树莓派 USB 引脚的供电能力，机械硬盘需要的电流更大，特别是 3.5in 的大硬盘，很有可能因为供电不足导致设备掉线，所以建议使用 2.5in 的小硬盘，甚至推荐用更低功耗的固态硬盘。此外，不要多块硬盘一起插入树莓派的 USB 接口，多个大电流的设备很容易烧毁 USB 驱动芯片，当然如果硬盘有外部供电电源的除外。虽然树莓派 USB3.0 的传输速率无法和专业级的存储设备相媲美，但是作为家用 NAS（网络附加存储）绰绰有余。

8.2.3　安装配置 Samba 服务器

在进行软件安装前，需要确保软件仓库的索引是最新的，避免出现各种问题，同时还需要保证能够连入互联网。作者在教学过程中经常遇到学生在树莓派未连接网络的情况下，就想要更新软件仓库索引，通过网络安装软件，这样安装是不会成功的，会非常打击积极性。

1. 测试网络连通性

可以通过下面的命令进行网络状态测试：

```
ping www.apache.org
```

确认联网正确，可以通过 Ctrl+C 快捷键终止 Ping 程序。

2. 更新软件仓库索引和升级软件包

```
sudo apt-get update
sudo apt-get -y upgrade
```

3. 安装 Samba 软件包

```
sudo apt-get -y install samba samba-common-bin
```

4. 创建共享目录和设置权限

在树莓派上设置网络存储之前，需要先创建一个"目录"，也被称为"文件夹"（Windows 系统的叫法），这个目录是用来共享资源的"文件夹"。目录可以位于树莓派的任何位置，包括外部硬盘上。

一般情况下，树莓派的用户是 pi 用户，其属主目录是 /home/pi/ 目录，因此通常在

pi 用户的用户主目录中创建目录即可。

```
mkdir -pv  /home/pi/myshare
chmod 777 /home/pi/myshare
```

代码中的 -pv 参数是为了看到创建过程。其中，参数 p 用于确保目录名称存在，如果不存在，则新创建一个；v 参数用于显示出创建的过程，Linux 系统中很多 v 参数都是 verbose（显示详细信息）的作用。

具体内容可以参考 man mkdir 或者 help mkdir 命令。

chmod 用于改变 myshare 目录的权限。777 表示任何人都可以写入和读取：第一个 7 表示目录的属主的权限；第二个 7 表示的是拥有目录的组成员的权限；第三个 7 比较关键，表示除了拥有目录的用户和组以外的所有人，包括网络访问的匿名用户的权限。这里的 7 是读、写、执行权限的八进制表示方法。

5. 编辑 Samba 配置文件

现在可以用 /home/pi/myshare 这个目录来共享文件了，为此需要对 Samba 的配置文件 smb.conf 做一些小改动。

记住：/etc/samba/smb.conf 这个配置文件就是控制 Samba 服务器运行方式和共享资源使用的配置文件。

可以通过 nano 工具或者 vim.tiny 编辑该配置文件：

```
sudo nano /etc/samba/smb.conf
```

或者

```
sudo vim.tiny /etc/samba/smb.conf
```

6. 添加共享段落

在文件的末尾添加以下代码，这段代码定义了共享文件夹（目录）的各种细节。

```
[myshare]
path = /home/pi/myshare
writable = yes
create mask = 0777
directory mask = 0777
public = no
```

◆ [myshare]：指定了共享名，[ ] 内的文本是要访问的共享的链接名。例如，树
莓派的地址是 //192.168.3.16/myshare，当然 IP 也可以换成主机名 //raspberrypi/
myshare。

◆ path：所要共享的目录路径，例如：/usr/share/doc。

◆ writable：共享目录是否可写入。这个选项设置为 yes，就是允许写入。需要注
意的是，本地目录也需要设置权限才可以，否则如果本地目录的权限是只读，
即便此处给了 yes 的选项，也会因为本地没有权限而无法写入。

◆ create mask 和 directory mask：定义了文件和文件夹的最大权限。将此设置
为 0777，即允许用户读取、写入和执行，777 前面的 0 表示这是一个八进
制数。

◆ public：如果设置为 no，pi 将要求有效用户授予对共享目录的访问权限；如果设
置为 yes，就表示任何人都可以访问，是公开的。为了安全性，通常设置为 no。

7. 保存配置并创建 Samba 用户

配置文件写好后，使用快捷键 Ctrl+X，再输入 Y，然后按 Enter 键保存退出。接下来，
需要为树莓派上的 Samba 共享设置一个 Samba 用户，否则无法连接到共享网络驱动器，
这里仍然以用户 pi 作为 Samba 用户，密码设置为 mypishare。

在终端中执行下面的命令：

```
sudo smbpasswd  -a pi
```

然后根据提示输入 mypishare 作为密码（共输入两遍），可根据个人喜好更改自己
喜欢的密码。需要注意的是，这里添加的用户一定是树莓派上的本地用户，也就是说，
这些用户应该是已经在树莓派上创建好的。

8. 重启 smbd 服务

最后，需要重新启动 Samba 服务，这样才可以加载更改过的配置文件，并使共享生
效，如图 8-18 所示。

```
sudo systemctl enable smbd
sudo systemctl restart smbd
sudo systemctl status smbd
```

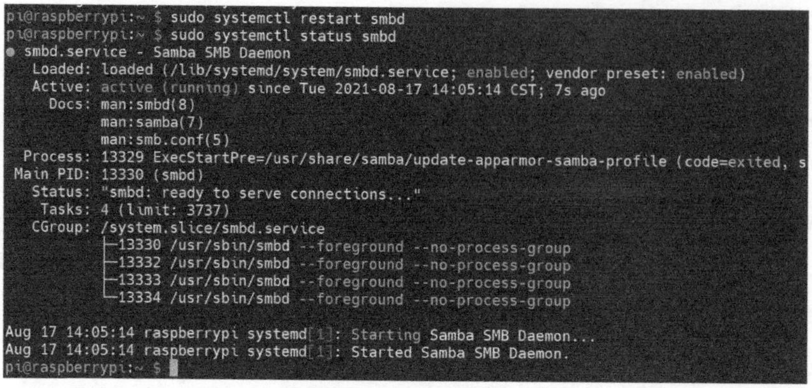

图 8-18　服务器状态

9. 查询树莓派本地 IP 地址

可以在终端中输入下面的命令来获取。

```
ifconfig
```

或者

```
hostname -I
这里的 I 是大写的 i
pi@raspberrypi:~ $ hostname -I
192.168.3.16
```

本书整个过程中都使用 WiFi 连入网络，所以查看的网卡只需要关注 wlan0 的信息即可。

```
pi@raspberrypi:~ $ ifconfig wlan0
wlan0: flags=4163<UP,BROADCAST,RUNNING,MULTICAST>  mtu 1500
inet 192.168.3.16  netmask 255.255.255.0  broadcast 192.168.3.255
inet6 fe80::8020:7e0a:42e4:8175  prefixlen 64  scopeid 0x20<link>
ether dc:a6:32:0e:cc:35  txqueuelen 1000  (Ethernet)
RX packets 200882  bytes 49980062 (47.6 MiB)
RX errors 0  dropped 0  overruns 0  frame 0
TX packets 89562  bytes 13782695 (13.1 MiB)
TX errors 0  dropped 0 overruns 0  carrier 0  collisions 0
```

10. 在 Windows 系统中连接到 Samba 服务器

打开"文件资源管理器"，选择"计算机→映射网络驱动器"选项，如图 8-19 所示。

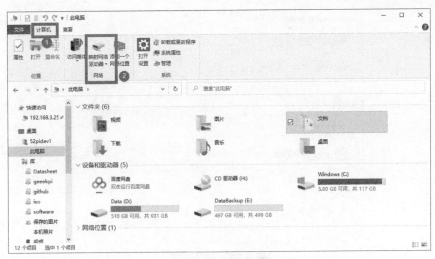

图 8-19　资源管理器

然后在"驱动器"选项中选择要映射的盘符名称，并在"文件夹"选项中输入树莓派的 IP 地址和共享文件名，如图 8-20 所示。

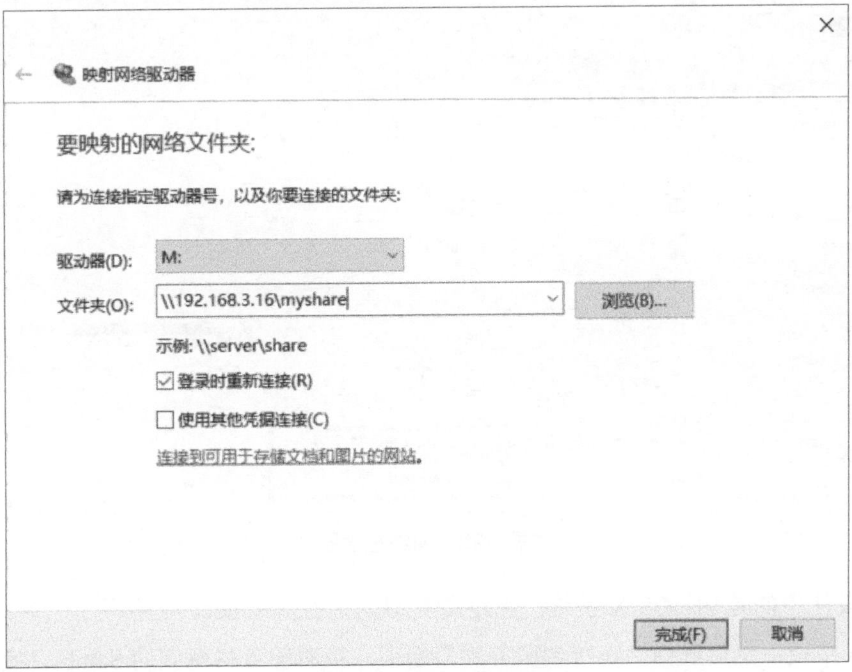

图 8-20　映射网络驱动器

单击"完成"按钮，会跳出需要验证的提示框，如图 8-21 所示，输入 Samba 用户名和密码即可登录到树莓派。

图 8-21　登录验证

此时，树莓派上的共享盘就已经挂载到 Windows 系统中，成为一个网络驱动器了，如图 8-22 所示。

图 8-22　网络驱动器

如果使用的是 macOS X 系统，思路是类似的，打开 Finder 应用程序，单击工具栏中的 Go 按钮，然后选择"连接到服务器"选项，接着输入树莓派的 Samba 共享信息，但是在地址框中需要输入 smb://192.168.3.16/myshare，就是标识一下使用的是 SMB 协议即可，最后输入 Samba 用户名和密码完成登录，就可以像 Windows 一样使用这个共享盘了。

8.3　树莓派搭建 NFS 文件服务器

8.3.1　什么是 NFS 文件服务器

NFS（Network File System，网络文件系统）协议由 Sun Microsystems 在 1983 年开发，它被设计为允许客户端计算机在网络上访问共享资源。NFS 是嵌入式开发很常见的一个网络服务，它是一个仅支持类 UNIX 之间文件共享的网络服务，和 Samba 类似但是又有区别。

原先的 NFS 是不支持 Windows 系统的，随着时间的推移和科技的进步，现在 Windows 系统也在拥抱开源，所以新版本的 Windows 也有支持 NFS 的组件，可以通过添加、删除组件来安装，从而能够识别 Linux 系统下的网络文件系统。这个文件系统也是早年间 Linux 集群常用的网络文件系统。由于 NFS 协议是 RFC 中定义的开放标准，因此任何人都可以轻松实现它。它已成为网络管理员设置 NAS 的理想工具。

8.3.2　需要的设备

设备需求与 8.2.2 节所述需求一致，继续使用之前的设备就可以了。

8.3.3　安装配置 NFS 文件系统

操作步骤与配置 Samba 类似。如果创建两个服务器的时间间隔很短，那么第一步的操作可以忽略；否则，强烈建议更新软件仓库索引后再进行软件包安装。

1. 更新软件仓库和更新软件包

在终端中执行：

```
sudo apt-get update
sudo apt-get upgrade
```

2. 安装 NFS 相关软件包

```
sudo apt-get install nfs-kernel-server -y
```

3. 配置 NFS 共享

和 Samba 共享一样，也需要创建一个共享目录，这里创建的目录名为 nfsshare，将其放置在 /mnt 目录下。创建目录的命令如下：

```
sudo mkdir -pv /mnt/nfsshare
sudo chmod 777 /mnt/nfsshare
sudo chown pi:pi /mnt/nfsshare
```

上述代码中，使用 chown 改变了 /mnt/nfsshare 目录的属主和属组（拥有者和拥有这个目录的组）。接下来需要查询要用来访问文件的用户的 UID 和 GID（用户 ID 和组 ID），在终端中执行：

```
id pi
```

执行结果如下：

```
uid=1000(pi) gid=1000(pi)
```

接下来只需要修改一个配置文件，并重启服务就可以实现 NFS 共享了，通过终端编辑 /etc/exports/ 文件：

```
sudo nano /etc/exports
```

exports 文件记载着 NFS 共享数据的方式、共享哪些目录、以何种方式共享等信息。

例如，如果要共享文件夹以便任何人都可以访问该文件目录并对其进行读写，只需要根据下方配置内容来进行微调即可：

```
/mnt/nfsshare *(rw,all_squash,insecure,async, anonuid=1000,anongid=1000)
```

对应格式说明如下：

共享路径、允许访问的主机或者 IP 地址范围、（访问参数 1，参数 2，…）。

- /mnt/nfsshare 是创建的共享目录。
- *（NFS Options）定义的是可以允许的所有连接的 IP 地址访问此共享，可以改变适应你的安全边界。例如：192.168.3.0 这个网段的所有主机都允许访问共享，并可以进行读写操作，我们可以写成 /mnt/nfsshare 192.168.3.0/24(rw)。
- rw 表示可读可写，如果是只读可以使用 ro。
- all_squash 表示将所有的 UID 和 GID 映射到匿名用户；如果是 root_squash，则表示把 root 用户也映射为匿名用户。

◆ insecure 表示允许 NFS 客户端使用不安全端口访问 NFS。

◆ async 表示进行异步通信模式。异步通信模式允许服务器在处理完 I/O 请求并将其发送到本地文件系统后立即回复 NFS 客户端，通常是调整性能时使用。

◆ anonuid 表示匿名连接的用户使用的 UID。

◆ anongid 表示匿名连接的用户的 GID，这两个值都换成 pi 用户的 ID。

完成后，使用快捷键 Ctrl+X，再输入 Y，然后按 Enter 键保存退出。

最为关键的一个步骤，为了通过 NFS 协议访问新添加的文件夹，必须通过运行下面的命令来更新 NFS 服务器的当前导出表（共享）。

```
sudo exportfs -ra
```

◆ 参数 -r 代表重新导出所有目录，同步 /var/lib/nfs/etab 和 /etc/exports 的内容。

◆ 参数 -a 代表导出所有共享目录。

◆ 如果想撤销导出目录，可以使用 -u，表示不导出一个或者多个目录。

◆ 例如不想导出 /mnt/nfsshare，就执行 sudo exportfs –u /mnt/nfsshare。

4. 重新启动服务

```
sudo systemctl enable nfs-server
sudo systemctl restart nfs-server
sudo systemctl status nfs-server
```

5. 测试应用

如果要在 Windows 上测试 NFS 共享，首先需要在 Windows 的组件中添加 NFS 组件，默认系统中是禁用状态。

因此，需要到 Windows 中搜索"启用或关闭 Windows 功能"，然后单击"启用或关闭 Windows 功能"选项，如图 8-23 所示。

图 8-23 启用或关闭 Windows 功能

　　选择 NFS 客户端，但并不是所有 Windows 系统中都有该组件，如果操作系统不包含 NFS 控件，看到的效果如图 8-24 所示，那就只能通过 Linux 系统或 macOS X 来访问了。

图 8-24　添加、删除组件页面

本书的操作系统版本是 Windows 家庭版，如图 8-25 所示。

图 8-25　Windows 家庭版

这个版本系统就不支持 NFS 控件，因此只能用树莓派来访问 NFS 共享，为了能够访问 NFS 共享，需要在另一个树莓派上安装 NFS 客户端。

步骤如下：

（1）安装 NFS 客户端

打开一个终端并输入下列命令进行 NFS 组件的安装：

```
sudo apt-get update
sudo apt-get -y install nfs-common
```

如果有 CentOS 操作系统或者 Fedora 系统，安装 NFS 客户端：

```
sudo yum install nfs-utils
```

（2）手动挂载 NFS 文件系统

挂载 NFS 文件系统与挂载常规文件系统的方法大同小异，都要使用 mount 命令进行挂载，命令的使用方法如下：

```
mount [OPTION…] NFS_SERVER:EXPORTED_DIRECTORY MOUNT_POINT
```

在 Linux 系统中手动挂载远程 NFS 共享时，可以参考下面的步骤：

首先，创建一个目录作为远程 NFS 共享的挂载点：

```
sudo mkdir -pv /var/mynfs
```

说明：挂载点是本地计算机上要挂载 NFS 共享的目录。

然后，通过以 root 用户或者拥有 sudo 权限的用户身份运行以下命令来挂载 NFS 共享。

```
sudo mount -t nfs 192.168.3.16:/mnt/nfsshare  /var/mynfs
```

◆　-t 参数用于指定文件系统类型（type），挂载 NFS 共享需要指定类型为 nfs。

◆　192.168.3.16 是 NFS 服务器的地址，是之前搭建 NFS 服务器的树莓派的 IP 地址。

◆　:/mnt/nfsshare 是共享目录，切记在 IP 和 NFS 共享之间用冒号（:）衔接。

◆　/var/mynfs 是我们指定的挂载点。

挂载成功后，一般是不会产生任何输出的，如果要看到详细输出，可以加入 -v 参数，还可以通过 -o 选项指定挂载选项，例如想要以只读方式挂载，在命令中加入：

```
sudo mount -t nfs -o ro 192.168.3.16:/mnt/nfsshare /var/mynfs -v
```

要验证远程 NFS 卷是否已成功安装，可使用 mount 或 df -h 命令。

挂载共享后，挂载点将成为挂载文件系统的根目录。当采用手动方式挂载了远程 NFS 资源，一旦重启，NFS 挂载的远程 NFS 共享就脱机了，需要再次手动挂载。虽然可以实现自动挂载，但是不建议，因为如果启动期间无法连接远程 NFS 共享，系统的启动进程就会卡住无法正常启动，操作结果如图 8-26 所示。

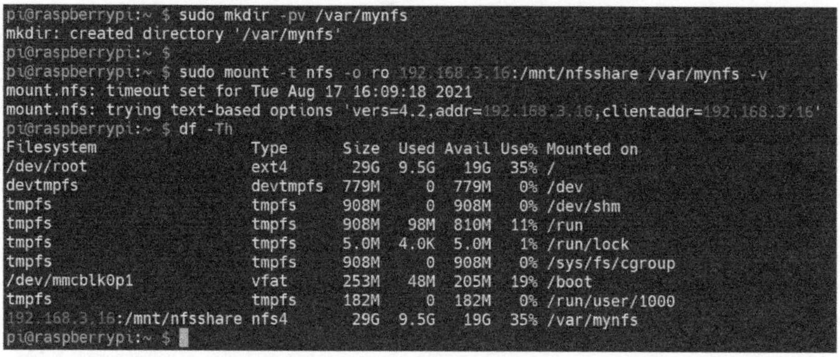

```
pi@raspberrypi:~ $ sudo mkdir -pv /var/mynfs
mkdir: created directory '/var/mynfs'
pi@raspberrypi:~ $
pi@raspberrypi:~ $ sudo mount -t nfs -o ro 192.168.3.16:/mnt/nfsshare /var/mynfs -v
mount.nfs: timeout set for Tue Aug 17 16:09:18 2021
mount.nfs: trying text-based options 'vers=4.2,addr=192.168.3.16,clientaddr=192.168.3.16'
pi@raspberrypi:~ $ df -Th
Filesystem            Type        Size  Used Avail Use% Mounted on
/dev/root             ext4         29G  9.5G   19G  35% /
devtmpfs              devtmpfs    779M     0  779M   0% /dev
tmpfs                 tmpfs       908M     0  908M   0% /dev/shm
tmpfs                 tmpfs       908M   98M  810M  11% /run
tmpfs                 tmpfs       5.0M  4.0K  5.0M   1% /run/lock
tmpfs                 tmpfs       908M     0  908M   0% /sys/fs/cgroup
/dev/mmcblk0p1        vfat        253M   48M  205M  19% /boot
tmpfs                 tmpfs       182M     0  182M   0% /run/user/1000
192.168.3.16:/mnt/nfsshare nfs4   29G  9.5G   19G  35% /var/mynfs
pi@raspberrypi:~ $
```

图 8-26　挂载 NFS 共享

（3）自动挂载远程 NFS 共享

如果需要自动挂载，可以修改 /etc/fstab 文件，并添加相应的挂载参数。例如，若想要自动挂载 NFS 共享目录，并设置选项为只读，则只需要编辑 /etc/fstab 文件：

```
sudo nano /etc/fstab
```

添加：

# 文件系统	挂载点	文件系统类型	选项	dump 参数	pass 参数
192.168.3.16:/mnt/nfsshare	/var/mynfs	nfs	ro,defaults	0	0

保存退出后，使用下列命令即可完成挂载：

```
sudo mount -a
```

需要注意的是，这个文件掌管着开机时的文件系统挂载信息，一旦改错系统将无法正常启动，因此改动时请千万注意不要改错了内容。

（4）卸载 NFS 文件系统

当不需要 NFS 共享的时候，可以通过 umount 命令从目录树中分离（卸载）已安装的文件系统。要卸载已挂载的 NFS 共享，可以使用 umount 命令，后跟挂载它的目录或远程共享：

```
sudo umount 192.168.3.16:/mnt/nfsshare
sudo umount /var/mynfs
```

如果 NFS 挂载在 fstab 文件中有条目，需将其删除。

若遇到使用 umount 无法卸载 NFS 共享的情况，那是因为挂载的 NFS 可能正在使用，例如有用户正在 NFS 目录中，要找出哪些进程正在访问 NFS 共享，可以使用 fuser 命令：

```
fuser -m  MOUNT_POINT
```

例如：

```
fuser -m /var/mynfs
```

找到进程后，可以使用 kill -9 PID 的方式将其停止并卸载 NFS 共享。

如果停止进程后卸载共享仍然有问题，可以使用 -l（--lazy）选项，该选项允许在不繁忙的时候立即卸载 NFS 共享。

```
sudo umount -l /var/mynfs
```

也可以强制卸载，但是有一定概率破坏文件系统上的数据，不建议使用。

```
sudo umount -f /var/mynfs
```

至此，NFS 服务器的安装配置以及测试方法就全部结束了。

8.4　树莓派搭建日志服务器

8.4.1　什么是日志服务器

实际上，但凡是经常玩 Linux 的朋友都可能遇到这样或者那样的问题，而这些问题的产生都是有原因的。经常听到初学者问高手问题时，高手总是淡淡地吐出几个字："去看看日志就都明白了"。Linux 日志系统，常用 syslog 服务或者 rsyslog 服务，其主要作用是提供日志记录或者记录远程日志，可以构建一台中央日志服务器，存储来自其他主机发送的日志信息。在 UNIX 系统、类 UNIX 系统、Windows 系统，甚至 macOS X 系统中都广泛存在，可以记录用户想要记录的信息。例如 CPU 温度、网卡的流量、磁盘的容量，甚至可以定制自己的日志信息。如果有多个树莓派，也可以把所有的树莓派的日志信息汇总到一台树莓派上，用来作日志分析。

8.4.2　需要的硬件

硬件准备如下：

◆　1 个树莓派。

◆　1 张 TF 卡。

◆　1 个 5V/3A 的 USB-C 电源。

◆　1 台显示器或电视机（可选）。

◆　1 根 MicroHDMI-to-Fullsized-HDMI 电缆（可选）。

◆　1 套键盘鼠标（可选）。

8.4.3　安装 rsyslog 服务

根据之前配置过的服务器，大家应该有点儿感觉了吧？每次配置服务器之前，都会建议大家做一些基础操作，例如使用固定 IP，更新系统软件仓库索引，更新系统软件等。这个服务器同样脱离不了这个套路，打开终端输入：

```
sudo apt-get update
sudo apt-get full-upgrade -y
sudo apt-get -y install rsyslog
```

8.4.4　配置 rsyslog 作为服务器

默认系统中其实已经有了 syslog 和 rsyslog 服务在运行，可以通过下面的命令检查。

```
sudo systemctl status syslog
sudo systemctl status rsyslog
```

一旦完成，检查时会发现两个服务都在运行中。但是如果尝试用 netstat – natup 命令去检查端口，会发现没有一个服务监听 514 端口。我们需要让树莓派能够监听 514 端口的消息，因此需要修改 syslog 的配置。默认情况下，树莓派未配置 rsyslog 来监听任何 syslog 的消息，只有修改配置文件才能让它启用这个功能。

可以编辑 /etc/rsyslog.conf 来启用这个功能。

```
sudo nano /etc/rsyslog.conf
```

这个文件很长，需要修改的配置在 16 行左右，内容如图 8-27 所示。

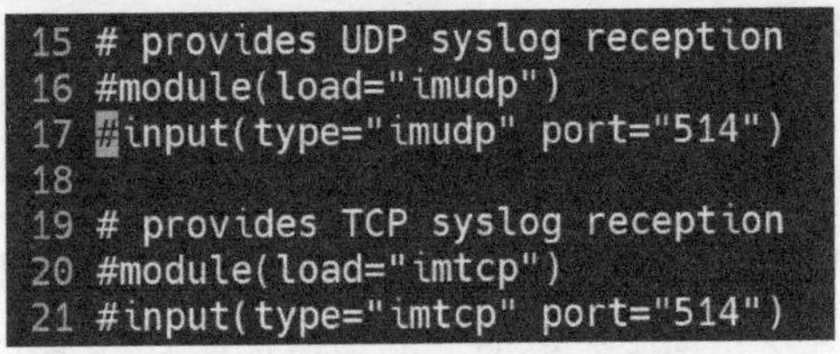

```
15 # provides UDP syslog reception
16 #module(load="imudp")
17 #input(type="imudp" port="514")
18
19 # provides TCP syslog reception
20 #module(load="imtcp")
21 #input(type="imtcp" port="514")
```

图 8-27　rsyslog.conf 配置

这段内容的意思是提供 UDP 协议的 syslog 接收端和 TCP 协议的 syslog 接收端，删除 # 就相当于启用了这些功能。

非常关键的一步需要手动添加：

```
$AllowedSender TCP, 192.168.3.0/24
```

其作用是允许 192.168.3.0 网段内的主机通过 TCP 协议发送日志信息到 rsyslog 服务器。这句相当于授权，少了这句配置，服务器是不会接收消息的。

重启 syslog 服务和 rsyslog 服务以后，就允许通过 UDP 和 TCP 协议将 syslog 消息发送到树莓派了，保存并退出。

8.4.5　创建新模板

现在树莓派的 syslog 服务器已经配置为接收外部消息的模式，但是仍然需要创建一个模板文件，这个模板文件需要告诉 syslog 服务将接收到的消息路由到什么地方去。

将目录切换到 /etc/rsyslog.d/ 目录中，并且创建一个配置文件，这个配置文件必须以 .conf 结尾才会被识别。创建一个名为 mypilog.conf 的文件：

```
sudo nano /etc/rsyslog.d/mypilog.conf
```

然后在这个新文件里添加模板的信息，模板的作用是将每个发过来的消息，都保存到对应的主机名同名目录下，并以程序名字分割不同的日志。模板使用以下格式：

格式: `$template NameForTemplate, "DirecotryWhereLogIs/logName.log"`

参考上述格式编写特定的模板,例如:如果想要将模板命名为"pilog",日志文件存储到"/var/log/pi.log"中,那么模板就改成:

```
$template pilog, "/var/log/%HOSTNAME%/%PROGRAMNAME%.log"
*.* ?pilog
```

模板有了,但是想要监听什么日志信息呢?如果想要将系统日志消息路由到新模板上,就需要做一些额外配置。

例如,想将所有 192.168.3.0/24 子网的所有主机发给当前日志服务器的消息都存储在本地日志的记录中,怎么实现呢?修改完的模板如图 8-28 所示。

```
pi@raspberrypi:~ $ cat /etc/rsyslog.d/mypilog.conf
$template pilog, "/var/log/%HOSTNAME%/%PROGRAMNAME%.log"
*.* ?pilog
```

图 8-28　模板信息

8.4.6　重启服务并测试

在终端中执行:

```
sudo systemctl restart syslog.service
sudo systemctl restart rsyslog.service
```

为了确认已经开启了 514 监听端口,可以通过以下命令检查 514 端口开放状态:

```
sudo netstat -natup | grep 514
```

结果如图 8-29 所示。

```
pi@raspberrypi:~ $ sudo netstat -natup |grep 514
tcp        0      0 0.0.0.0:514             0.0.0.0:*               LISTEN      18831/rsyslogd
tcp6       0      0 :::514                  :::*                    LISTEN      18831/rsyslogd
udp        0      0 0.0.0.0:514             0.0.0.0:*                           18831/rsyslogd
udp6       0      0 :::514                  :::*                                18831/rsyslogd
pi@raspberrypi:~ $
```

图 8-29　端口状态

此时,已成功将树莓派设置为系统日志服务器。

现在需要做的就是在使用的设备上启用系统日志协议,并将其指向这台树莓派的 IP。该如何实现呢?在另一台树莓派上,编辑 /etc/rsyslog.conf 配置文件,并添加:

```
*.info                    @192.168.3.16
```

代码说明如下：

* 表示日志类型，有很多不同类型，例如 auth、news、security 等，还可以使用自定义的日志类型 local0~local7。

info 位置上的是日志的等级，包括 0~7 共 8 个等级，还包括 none（没有优先级，不记录任何日志消息）。各等级含义如下：

◆ 0：debug，调试程序信息，级别比较低。

◆ 1：info，通用性消息。

◆ 2：notice，不是错误，是提示信息，可能需要处理。

◆ 3：warning，警告。

◆ 4：error，一般错误消息。

◆ 5：critical，危急情况，需要及时处理，例如硬盘错误等。

◆ 6：alert，需要立即修复的告警。

◆ 7：emergency，紧急情况，最高级别，系统不可用（例如系统崩溃），会通知所有用户。

@ 加上 IP 地址表示日志信息发往指定的 IP 地址。

综上所述，添加代码表示将所有日志类型的 info 消息都发往 192.168.3.16 这台日志服务器。

重启 rsyslog 服务后，远程的树莓派日志服务器就会开始接收信息，并将它们保存到模板指定的日志文件中。

为了验证日志服务器是否有效，可以尝试用一个 Shell 脚本来测试一下，在树莓派日志客户端中打开一个终端，输入：

```
while true
do
logger -p local5.info "hello log server, I am another pi"
sleep 5
done
```

这段 Shell 脚本的意思是每隔 5 秒向日志服务器发送一次日志类型为 local5 并且日志级别为 info 的消息，消息内容为 "hello log server，I am another pi"，具体如图 8-30 所示。

图 8-30　循环脚本

再登录到日志服务器查看日志情况，可以发现在服务器的 /var/log 目录中生成了一个 upstest 的目录，这个目录的名字是树莓派日志客户端的主机名，如图 8-31 所示。

图 8-31　日志格式

进入 upstest 目录中，可以看到生成了一些以程序名称命名的 log 文件，其中 pi.log 是我们指定的日志文件，查看后可以看到上述用 Shell 脚本测试的日志信息，如图 8-32 所示。

图 8-32　测试日志内容

至此，一个中心化的日志服务器就搭建完成了，通过搜集所有设备的日志信息，可以编写脚本进行日志分析，将一些关键信息提取出来，做到早预防，早处理，避免宕机。

8.5 树莓派搭建 MariaDB 数据库服务器

8.5.1 什么是 MariaDB

简单地说，MariaDB 就是托管数据库的服务。什么是数据库？请将数据库想象为文件，你将在其中存储需要保留的任何数据。我经常把一个数据库解释为计算机上的一个文件夹，里面有很多 Excel 文件，而文件夹就是数据库。每个 Excel 文件就是一张表，每一个数据都包含一列存储数据属性的字段。例如，该网站使用数据库来存储帖子内容、评论或网站配置。

MariaDB 基金会也是一个开源组织，如图 8-33 所示。

图 8-33 MariaDB 基金会

互联网上经常听到 LNMP 或者 LAMP 服务，其中的 M 很多时候指代的就是 MySQL 数据库服务，也可以指代 MariaDB 数据库服务。而 MariaDB 的前身是 MySQL 数据库，这是一项免费服务，可在任何 Linux 发行版上使用。

MariaDB 是一个年轻的项目，始于 2009 年，现在得到谷歌和阿里巴巴等大公司的支持。虽然它还不是最受欢迎的数据库引擎之一（根据 Datanyze 的市场份额为 0.58%），但它正在快速增长，谷歌、Mozilla 和维基百科等大公司正在使用它作为替代服务。

8.5.2 MariaDB 和 MySQL 的区别

MariaDB 是 MySQL 的一个分支（它们都是从 MySQL 源代码的副本创建出来的），几乎没有区别。

MariaDB 是在 2009 年 Oracle 收购 MySQL 后创建的，因此它与 MySQL 高度兼容，大多数项目可以直接在 MariaDB 上运行，无须任何更改。同时，它也是树莓派上最常用的服务之一，不管是搭建动态网站的后台服务，还是搭建物联网 IoT 应用的数据存储，都需要数据库服务。在树莓派的存储仓库中拥有 MariaDB 的软件包，安装和配置都非常简单，只需要安装软件并创建新用户和数据库。它是一个二维数据库，表结构是以字段和记录组成的二维表，支持结构化查询语言 SQL，不仅能够结合 PHP 搭建动态网站，还可以结合 Python 进行数据存储，甚至可以搭建多个树莓派的数据库集群环境，既适合学习，也能作为实验环境做测试。

8.5.3 安装 MariaDB

与往常搭建服务器一样，首先需要保证系统软件仓库索引最新，软件包也更新到最新，在终端中执行：

```
sudo apt-get update
sudo apt-get -y upgrade
sudo apt-get -y install mariadb-server
```

安装的过程中，会根据依赖安装 MariaDB 的客户端软件，可以允许通过命令行进行数据库的操作。安装完成后在终端输入：

```
mysql
```

就可以进入数据库客户端软件的交互界面中，但是默认情况下没有可用账户能连接数据库，因为数据库管理员 root 用户的密码还没有创建。

8.5.4 配置 MariaDB

数据库的 root 用户和系统的 root 用户不是一个账号，大家不要混淆，数据库的 root 用户的权限范围只在数据库环境中。一般情况下，安装好数据库后就立刻配置数据库的 root 用户的密码，在终端中输入下面的命令，如图 8-34 所示。

```
sudo mysql_secure_installation
```

```
pi@raspberrypi:~ $ sudo mysql_secure_installation

NOTE: RUNNING ALL PARTS OF THIS SCRIPT IS RECOMMENDED FOR ALL MariaDB
      SERVERS IN PRODUCTION USE!  PLEASE READ EACH STEP CAREFULLY!

In order to log into MariaDB to secure it, we'll need the current
password for the root user.  If you've just installed MariaDB, and
you haven't set the root password yet, the password will be blank,
so you should just press enter here.

Enter current password for root (enter for none):
```

图 8-34　设置 root 用户密码

输入密码，为了安全起见，输入的密码是不回显的。

然后，根据提示完成其他配置，如图 8-35 和图 8-36 所示。配置内容包括：

◆　删除匿名用户。

◆　禁止远程 root 用户登录。

◆　删除测试数据库。

◆　重新加载权限配置表。

```
Enter current password for root (enter for none):
OK, successfully used password, moving on...

Setting the root password ensures that nobody can log into the MariaDB
root user without the proper authorisation.

You already have a root password set, so you can safely answer 'n'.

Change the root password? [Y/n] y
New password:
Re-enter new password:
Password updated successfully!
Reloading privilege tables..
 ... Success!


By default, a MariaDB installation has an anonymous user, allowing anyone
to log into MariaDB without having to have a user account created for
them.  This is intended only for testing, and to make the installation
go a bit smoother.  You should remove them before moving into a
production environment.

Remove anonymous users? [Y/n] y
```

图 8-35　数据库配置 1

```
Disallow root login remotely? [Y/n] y
 ... Success!

By default, MariaDB comes with a database named 'test' that anyone can
access.  This is also intended only for testing, and should be removed
before moving into a production environment.

Remove test database and access to it? [Y/n] y
 - Dropping test database...
 ... Success!
 - Removing privileges on test database...
 ... Success!

Reloading the privilege tables will ensure that all changes made so far
will take effect immediately.

Reload privilege tables now? [Y/n] y
 ... Success!

Cleaning up...

All done!  If you've completed all of the above steps, your MariaDB
installation should now be secure.

Thanks for using MariaDB!
```

图 8-36　数据库配置 2

8.5.5　创建一个数据库

通过终端字符界面登录数据库，输入以下命令：

```
sudo mysql -u root -p
```

其中，–u 指定登录用户；–p 表示输入密码登录。

输入前文设置的 root 用户密码，就可以登录到数据库了，如图 8-37 所示。

```
pi@raspberrypi:~ $ sudo mysql -u root -p
Enter password:
Welcome to the MariaDB monitor.  Commands end with ; or \g.
Your MariaDB connection id is 43
Server version: 10.3.29-MariaDB-0+deb10u1 Raspbian 10

Copyright (c) 2000, 2018, Oracle, MariaDB Corporation Ab and others.

Type 'help;' or '\h' for help. Type '\c' to clear the current input statement.

MariaDB [(none)]>
```

图 8-37　登录数据库

创建一个数据库，库名为 mydb，命令如下：

```
create database mydb;
```

这条命令需要用分号（;）结尾，执行完成后，可以用下面的命令查看创建好的数据库：

```
show databases;
```

数据库信息如图 8-38 所示。

```
MariaDB [(none)]> create database mydb;
Query OK, 1 row affected (0.001 sec)

MariaDB [(none)]> show databases;
+--------------------+
| Database           |
+--------------------+
| information_schema |
| mydb               |
| mysql              |
| performance_schema |
+--------------------+
4 rows in set (0.001 sec)

MariaDB [(none)]>
```

图 8-38　数据库信息

接下来就可以打开数据库并且创建表了。

8.5.6　添加一张表

创建表的方法就是通过 SQL 语句的 Create table 命令，创建表之前先打开数据库：

```
use mydb;
```

然后执行下面的命令：

```
create table if not exists `mypi` (`id` int unsigned auto_increment,
`title` varchar(100) not null,
`type` varchar(100) not null,
`submission_date` date,
primary key(`id`)) ENGINE=InnoDB default charset=utf8;
```

注意： 这里的引号是反引号，就是键盘数字 1 前面的按键，使用别的引号会出现创建失败的情况。

　　上述命令的意思是创建一张表，表名是 mypi（如果这个表不存在才创建）。表的字段信息如下：id 是 int 无符号整型的自增型变量；title 是字符型非空型字段，字段长度为 100；type 与 title 的类型相同；提交日期 submisson_date 为 date 类型；设置 id 为主键，数据库引擎 ENGINE 使用 InnoDB（ENGINE 也可以不指定，因为默认值是 InnoDB），默认字符集为 UTF-8。创建表的操作如图 8-39 所示。

```
MariaDB [mydb]> create table if not exists `mypi`(
    -> `id` int unsigned auto_increment,
    -> `title` varchar(100) not null,
    -> `type` varchar(100) not null,
    -> `submission_date` date,
    -> primary key(`id`))
    -> ENGINE=InnoDB default charset=utf8;
Query OK, 0 rows affected (0.039 sec)

MariaDB [mydb]> show tables;
+----------------+
| Tables_in_mydb |
+----------------+
| mypi           |
+----------------+
1 row in set (0.001 sec)

MariaDB [mydb]>
```

图 8-39　创建表

表结构查询可以用 desc + 表名实现，如图 8-40 所示。

```
MariaDB [mydb]> desc mypi;
+-----------------+------------------+------+-----+---------+----------------+
| Field           | Type             | Null | Key | Default | Extra          |
+-----------------+------------------+------+-----+---------+----------------+
| id              | int(10) unsigned | NO   | PRI | NULL    | auto_increment |
| title           | varchar(100)     | NO   |     | NULL    |                |
| type            | varchar(100)     | NO   |     | NULL    |                |
| submission_date | date             | YES  |     | NULL    |                |
+-----------------+------------------+------+-----+---------+----------------+
4 rows in set (0.004 sec)
```

图 8-40　表结构查询

接下来就可以插入记录了，是不是觉得操作都非常简单？能坚持到这里，再坚持一下就能够称为树莓派领域的 DBA！

8.5.7　插入几条记录

在终端中按下面的格式输入：

insert into 表名 (字段 1，字段 2，字段 3，…)values (字段 1 的数据，字段 2 的数据，字段 3 的数据，…);

如果想要插入一条数据，数据 id 是 1，title 信息是 "Raspberry Pi 4B"，type 的数据是 "8GB"，提交时间是当前时间，调用 NOW ( ) 函数实时生成，那么输入的 SQL 语句如下

```
insert into mypi(id, title, type, submission_date) values(1,
"Raspberry Pi 4B", "8GB", NOW());
```

实际操作如图 8-41 所示。

```
MariaDB [mydb]> insert into mypi (
    -> id, title, type, submission_date)
    -> values
    -> (1, "Raspberry Pi 4B", "8GB", NOW());
Query OK, 1 row affected, 1 warning (0.005 sec)
```

图 8-41 插入记录

查看记录信息可以用 select 语句完成，查询结果如图 8-42 所示。

```
select * from mypi;
```

```
MariaDB [mydb]> select * from mypi;
+----+----------------+------+-----------------+
| id | title          | type | submission_date |
+----+----------------+------+-----------------+
|  1 | Raspberry Pi 4B | 8GB  | 2021-08-18      |
+----+----------------+------+-----------------+
1 row in set (0.001 sec)
```

图 8-42 查询记录

尝试再插入几条记录，并查询。本书又插入了 3 条记录信息，查询结果如图 8-43
所示。

```
MariaDB [mydb]> select * from mypi;
+----+----------------+------+-----------------+
| id | title          | type | submission_date |
+----+----------------+------+-----------------+
|  1 | Raspberry Pi 4B | 8GB  | 2021-08-18      |
|  2 | Raspberry Pi 4B | 4GB  | 2021-08-18      |
|  3 | Raspberry Pi 4B | 2GB  | 2021-08-18      |
|  4 | Raspberry Pi 4B | 1GB  | 2021-08-18      |
+----+----------------+------+-----------------+
4 rows in set (0.001 sec)
```

图 8-43 数据库多条记录

至此，可以顺利创建数据库、创建表，并且可以添加记录了。如果想要实现更多操作，
可以参考 SQL 结构化查询语句的基本操作。

如果熟练掌握了数据库的操作方法，是不是就可以将之前传感器采集出来的数据按
照需求存入数据库呢？快去试试看！

8.6 树莓派搭建 PostgreSQL 数据库服务器

8.6.1 什么是 PostgreSQL 数据库

PostgreSQL 也是一个免费的关系数据库系统，也支持 SQL 操作数据库，维护者是 PostgreSQL Global Development Group，首次发布于 1989 年 6 月。操作系统支持 Windows、Linux、UNIX、macOS X、BSD。从基本功能来看，支持 ACID、关联完整性、数据库事务、Unicode 多国语言等，其健壮性非常不错，功能也非常强大，很多大型商业 RDBMS 中所具有的特性它都具有，建议大家也尝试着使用起来。

8.6.2 安装 PostgreSQL

安装 PostgreSQL 非常简单，因为官方的软件仓库里面就包含了该软件包。确保软件仓库索引更新到最新，这是一直建议大家注意的。

```
sudo apt-get update
sudo apt-get -y full-upgrade
sudo apt-get -y install postgresql
```

8.6.3 配置 PostgreSQL

操作 PostgreSQL 数据库一般都是通过 command line 方式（命令行方式）来进行，但是如果直接用 pi 用户操作 PostgreSQL 数据库，会收到错误消息，提示没有设置用户角色。所以配置的第一步就是切换到 postgres 用户后设置角色。在终端中输入：

```
sudo su postgres
```

当切换用户后，就可以为 pi 用户创建角色了，创建角色的命令如下：

```
createuser pi -P -interactive
```

其中，-P 需要使用大写的 P；-interactive 是进入交互模式。具体操作如图 8-44 所示。

```
pi@raspberrypi:~ $ sudo su postgres
postgres@raspberrypi:/home/pi$
postgres@raspberrypi:/home/pi$
postgres@raspberrypi:/home/pi$ createuser pi -P --interactive
Enter password for new role:
Enter it again:
Shall the new role be a superuser? (y/n) y
postgres@raspberrypi:/home/pi$
```

图 8-44　配置 PostgreSQL

先要输入新角色的密码，其目的是当连接到树莓派的 PostgreSQL 服务器时，通过密码做一次验证增加安全性，并询问是否将新角色配置成超级用户，选择 y 即可。也可以通过下面的命令直接创建：

```
sudo -u postgres createuser pi
```

8.6.4　创建数据库

配置完成后，就可以创建一个与用户同名的数据库，以便于从命令行连接数据库的时候，它会自动尝试连接到与用户名同名的数据库，通过下面的命令：

```
psql
```

如果当前用户是 pi 用户，那么需要执行的命令就应该是：

```
sudo -u postgres psql
```

创建一个名为 pi 的数据库，操作如图 8-45 所示。使用的命令为：

```
create database pi;
```

```
postgres@raspberrypi:/home/pi$ psql
psql (11.12 (Raspbian 11.12-0+deb10u1))
Type "help" for help.

postgres=# create database pi;
CREATE DATABASE
```

图 8-45　创建数据库

查看数据库可以通过以下命令执行，操作结果如图 8-46 所示。

```
postgres=# \l
```

其中常见使用的命令如下：

◆   \l：显示所有数据库。

◆   \du：显示数据库用户。

◆   \cmydb：切换到 mydb 数据库。

◆   \d：查看表。

◆   \d 表名：可以查看表结构。

```
postgres=# \l
                                List of databases
    Name    |  Owner   | Encoding |  Collate    |   Ctype     |    Access privileges
------------+----------+----------+-------------+-------------+-----------------------
 pi         | postgres | UTF8     | en_US.UTF-8 | en_US.UTF-8 |
 postgres   | postgres | UTF8     | en_US.UTF-8 | en_US.UTF-8 |
 template0  | postgres | UTF8     | en_US.UTF-8 | en_US.UTF-8 | =c/postgres          +
            |          |          |             |             | postgres=CTc/postgres
 template1  | postgres | UTF8     | en_US.UTF-8 | en_US.UTF-8 | =c/postgres          +
            |          |          |             |             | postgres=CTc/postgres
(4 rows)

postgres=# \d
Did not find any relations.
postgres=# \du
                                 List of roles
 Role name |                        Attributes                         | Member of
-----------+-----------------------------------------------------------+-----------
 pi        | Superuser, Create role, Create DB                         | {}
 postgres  | Superuser, Create role, Create DB, Replication, Bypass RLS | {}

postgres=#
```

图 8-46   查看数据库及用户

8.6.5   常见控制台命令

常见控制台命令如下：

◆   \password：设置密码。

◆   \q：退出。

◆   \h：查看 SQL 命令的解释，比如 \h select。

◆   \?：查看 psql 命令列表。

◆   \l：列出所有数据库。

◆   \c [database_name]：连接其他数据库。

◆   \d：列出当前数据库的所有表格。

◆   \d [table_name]：列出某一张表格的结构。

◆   \du：列出所有用户。

◆   \e：打开文本编辑器。

◆   \conninfo：列出当前数据库和连接的信息。

8.6.6　基本 SQL 语句

SQL 常用语句如下：

◆　创建新表

```
CREATE TABLE mytbl(name VARCHAR(20), signup_date DATE);
```

◆　插入数据

```
INSERT INTO mytbl(name, signup_date) VALUES('jacky', '2021-08-18');
```

◆　查询记录

```
SELECT * FROM mytbl;
```

◆　更新数据

```
UPDATE mytbl set name = 'kevin' WHERE name = 'jacky';
```

◆　删除记录

```
DELETE FROM mytbl WHERE name = 'kevin' ;
```

◆　添加字段

```
ALTER TABLE mytbl ADD email VARCHAR(40);
```

◆　更改字段类型

```
ALTER TABLE mytbl ALTER COLUMN signup_date SET NOT NULL;
```

◆　设置字段默认值（注意字符串使用单引号）

```
ALTER TABLE mytbl ALTER COLUMN email SET DEFAULT 'pi@mypi.org';
```

◆　去除字段默认值

```
ALTER TABLE mytbl ALTER email DROP DEFAULT;
```

◆　重命名字段

```
ALTER TABLE mytbl RENAME COLUMN signup_date TO signup;
```

◆ 删除字段

```
ALTER TABLE mytbl DROP COLUMN email;
```

◆ 表重命名

```
ALTER TABLE mytbl RENAME TO mytbl_backup;
```

◆ 删除表

```
DROP TABLE IF EXISTS mytbl_backup;
```

◆ 删除库

```
\c mydb2;
DROP DATABASE IF EXISTS mydb1;
```

学习本节内容后，数据库的使用就不需只单一使用 MariaDB 了，还可以选择 PostgreSQL，快去尝试用 PostgreSQL 存储一下 CPU 的温度信息吧！

8.7　树莓派搭建 Mosquitto MQTT 服务器

8.7.1　什么是 MQTT 服务器

MQTT 代表消息队列遥测传输，是一种通常用于物联网设备之间消息传递的网络消息传递协议。为了让树莓派支持 MQTT 协议，将使用一款名为 Mosquitto 的服务器软件。

Mosquitto 是一个消息代理，它实现了 MQTT 协议的多个版本，包括最新的 5.0 修订版。它也是一款相对轻量级的软件，使其成为在树莓派上处理 MQTT 协议的完美选择。

MQTT 协议的工作原理是让客户端充当发布者和订阅者。发布者将消息发送到充当中间人的代理者，然后订阅者连接到 MQTT 代理并读取在特定主题下广播的消息。

使用者可以使用 MQTT 让多个传感器将其数据发送到树莓派的 MQTT 代理，然后客户端设备可以接收该数据。

8.7.2　安装 Mosquitto 服务器

一般情况下，建议大家设置固定的 IP 作为服务器地址，便于客户端访问。安装 Mosquitto 服务器和客户端软件，只需要在终端中输入：

```
sudo apt-get update
sudo apt-get -y upgrade
sudo apt-get -y full-upgrade
sudo apt-get -y install mosquito mosquito-clients
```

安装客户端软件可以极大地方便使用者与 MQTT 代理交互并测试 MQTT 代理运行是否正常。在安装后，包管理器会自动配置 Mosquitto 服务器在树莓派启动时自动启动。

8.7.3　检测服务器状态

在终端中输入以下命令可以检查 Mosquitto 服务器的状态：

```
sudo systemctl status mosquito
```

服务器状态信息如图 8-47 所示，从其状态为 active（running）看出，服务器运行正常。

```
pi@raspberrypi:~ $ sudo apt-get -y install mosquitto mosquitto-clients
Reading package lists... Done
Building dependency tree
Reading state information... Done
mosquitto is already the newest version (1.5.7-1+deb10u1).
mosquitto-clients is already the newest version (1.5.7-1+deb10u1).
0 upgraded, 0 newly installed, 0 to remove and 29 not upgraded.
pi@raspberrypi:~ $ sudo systemctl status mosquitto
● mosquitto.service - Mosquitto MQTT v3.1/v3.1.1 Broker
   Loaded: loaded (/lib/systemd/system/mosquitto.service; enabled; vendor preset: enabled)
   Active: active (running) since Sat 2021-08-14 11:44:47 CST; 4 days ago
     Docs: man:mosquitto.conf(5)
           man:mosquitto(8)
 Main PID: 444 (mosquitto)
    Tasks: 1 (limit: 3737)
   CGroup: /system.slice/mosquitto.service
           └─444 /usr/sbin/mosquitto -c /etc/mosquitto/mosquitto.conf

Warning: Journal has been rotated since unit was started. Log output is incomplete or unavailable.
pi@raspberrypi:~ $
```

图 8-47　Mosquitto 服务器状态

8.7.4　在树莓派上测试 Mosquitto 代理

Broker 也被称为代理，在发布消息或者订阅消息之前需要与代理建立连接。

1. 启动订阅者

订阅者将监听树莓派运行的 MQTT 代理。在下面的实例中，我们将会创建一个连接到本地主机的连接并等待来自代理关于"mqtt/mypi"为主题的消息，命令配置如图 8-48 所示。

```
mosquito_sub -h localhost -t "mqtt/mypi"
```

其中，-h 参数指定要连接的主机名或者主机 IP 地址，我们使用当前的树莓派作为代理主机；-t 参数表示 topic（话题、主题），这个参数告诉 Mosquitto 订阅者角色的主机应该收听的主题。

```
pi@raspberrypi:~ $ mosquitto_sub -h localhost -t "mqtt/mypi"
```

图 8-48　订阅者界面

一旦启动就会进入阻塞状态，等待发布的消息到来。

2. 启动发布者并发布消息

可以打开一个新的终端，然后通过下面的命令向 localhost 发布一条包含"hello MQTT"的消息到"mqtt/mypi"这个主题上，凡是监听该主题的主机都会收到来自发布者的这条消息，在新的终端中输入：

```
mosquito_pub -h localhost -t "mqtt/mypi" -m "hello MQTT"
```

其中，-m 参数的作用是指定发送到 MQTT 代理的消息（message）。每执行一次，就发布一条"hello MQTT"消息，切换回第一个终端，就可以看到这个消息。

如果用 Shell 脚本写一个循环，就可以一直看到消息循环，如图 8-49 所示。

```
pi@raspberrypi:~ $ mosquitto_pub -h localhost -t "mqtt/mypi" -m "hello MQTT"
pi@raspberrypi:~ $ while true
> do
> for i in `seq 1 10`
>  do
>    mosquitto_pub -h localhost -t "mqtt/mypi" -m "hello MQTT $i times"
>    sleep 1
>  done
> done
```

图 8-49　循环发布消息

在另外一个终端中就会看到消息的循环信息，如图 8-50 所示。

```
pi@raspberrypi:~ $ mosquitto_sub -h localhost -t "mqtt/mypi"
hello MQTT
hello MQTT
hello MQTT 1 times
hello MQTT 2 times
hello MQTT 3 times
hello MQTT 4 times
hello MQTT 5 times
hello MQTT 6 times
hello MQTT 7 times
hello MQTT 8 times
hello MQTT 9 times
hello MQTT 10 times
```

图 8-50　订阅信息

8.7.5　多主机测试

接下来尝试用两个树莓派进行 MQTT 消息通信测试。

1. 测试环境

树莓派 1 号主机，角色：订阅者（subscriber），IP 地址：192.168.3.16/24。

树莓派 2 号主机，角色：发布者（publisher），IP 地址：192.168.3.24/24。

2. 启动订阅者监听

在树莓派 1 号主机输入下面的命令：

```
mosquito_sub -h 192.168.3.16 -t "mqtt/mypi"
```

3. 启动发布者发布消息

在树莓派 2 号主机输入下面的命令：

```
mosquito_pub -h 192.168.3.16 -t "mqtt/mypi" -m `vcgencmd measure_temp`
```

在执行 MQTT 发布消息时，需要一个数据负载即 payload，内容是需要传输的数据。为了动态地获取 CPU 温度，利用 Shell 环境下的 bash 的特性中反引号的作用调用 vcgencmd 命令获取 CPU 温度，并将温度作为 payload 加入发布的消息中，作为内容发送出去。命令表示将 2 号主机的 CPU 温度信息通过 MQTT 协议传输给 1 号主机，如图 8-51 所示。

```
pi@upstest:~ $ 树莓派2号主机^C
pi@upstest:~ $ hostname -I
192.168.3.24
pi@upstest:~ $ mosquitto_pub -h 192.168.3.16 -t "mqtt/mypi" -m `vcgencmd measure_temp`
pi@upstest:~ $
```

图 8-51　发布 CPU 温度消息

4. 测试结果

在树莓派 1 号主机的终端，可以看到执行结果如图 8-52 所示。

```
pi@raspberrypi:~ $ 树莓派1号主机^C
pi@raspberrypi:~ $ mosquitto_sub -h 192.168.3.16 -t "mqtt/mypi"
temp=36.5'C
```

图 8-52　订阅消息结果

通过这样的方法，就实现了两台主机之间的订阅和发布消息。除了温度，还可以实现很多其他信息的传递。例如，如果手头有 ESP32 或者 Arduino 的单片机开发板，只要能够实现 MQTT 的发布功能，就可以采集传感器的信息，实时发布到树莓派。树莓派通过采集收到的消息，存储到数据库，并且通过网页前端的调用显示在浏览器上，就形成了简单的物联网信息收集平台。

8.7.6　尝试使用 Python 的 paho-mqtt 库

在树莓派 2 号测试机上检查 pip 版本并通过 pip3 安装 paho-mqtt 库，如图 8-53 所示。

```
pip --version
pip3 --version
pip3 install paho-mqtt
```

```
pi@upstest:~ $ pip --version
pip 20.3.4 from /home/pi/.local/lib/python2.7/site-packages/pip (python 2.7)
pi@upstest:~ $ pip3 --version
pip 18.1 from /usr/lib/python3/dist-packages/pip (python 3.7)
pi@upstest:~ $
pi@upstest:~ $ pip3 install paho-mqtt
Looking in indexes: https://pypi.org/simple, https://www.piwheels.org/simple
Collecting paho-mqtt
  Downloading https://www.piwheels.org/simple/paho-mqtt/paho_mqtt-1.5.1-py3-none-any.whl (74
kB)
    100% |████████████████████████████████| 81kB 170kB/s
Installing collected packages: paho-mqtt
Successfully installed paho-mqtt-1.5.1
pi@upstest:~ $
```

图 8-53　paho-mqtt 库安装

Python 的 paho-mqtt 库提供了发布消息和订阅消息的所有功能，主要的客户端功能包含：

◆ connect() 和 disconnect()。

◆ subscribe() 和 unsubscribe()。

◆ publish()。

这些功能函数可以完成整个发布消息和订阅消息的流程。

首先在树莓派 2 号主机上创建一个以 .py 结尾的 Python 文件，如下：

```
nano mymqtt.py
```

在使用 paho-mqtt 库之前，需要导入 mqtt 的 client 类：

```
import paho.mqtt.client as mqtt
```

接下来，创建一个客户端实例：

```
client = mqtt.Client("RPi2")
```

然后连接到代理或者服务器，这里填写树莓派 1 号主机的 IP 地址，端口为 1883：

```
client.connect("192.168.3.16", port=1883, keepalive=60)
```

一旦连接好了代理或者主机，就可以发布消息了。

```
client.publish("mqtt/mypi", "ON")
```

例如，这里向"mqtt/mypi"这个主题发布了一条 ON 的消息，对方收到了 ON 的消息后，可以做解析，然后实现一些操作。假设一下，如果创建的订阅主题是"house/light"，消息负载是 ON 或者 OFF，那么是否就可以实现智能家居了呢？

让我们一起看一个 Python 脚本的示例：

```
import paho.mqtt.client as mqtt

broker_addr = "192.168.3.16"
client = mqtt.Client("rpi2")
client.connect(broker_addr)
client.publish("bedroom/lights/no1", "ON")
```

保存成 mymqtt.py 文件并退出。这样，一个发布消息的脚本就制作好了。

如何订阅话题并且同时发布消息呢？订阅话题需要使用 paho mqtt 类中的 subscribe

方法来实现。这个方法需要两个参数：一个是话题；另一个是 QoS（Quality of Service，服务品质）。函数原型为：subscribe(topic, qos=0)。

订阅话题的整体框架（或流程）分为下面几部分：

- ◆　创建新客户端实例。
- ◆　连接到 Broker（代理）。
- ◆　订阅主题。
- ◆　发布消息。

编写一段代码，并且打印一下输出，看看效果：

```
import paho.mqtt.client as mqtt
broker = "192.168.3.16"
print("Creating new instance")
client = mqtt.Client("RPi2")
print("connecting to broker")
client.connect(broker)
print("Subscribing to topic", "bedroom/lights/no1")
client.subscribe("bedroom/lights/no1")
print("Publishing message to topic", "bedroom/lights/no1")
client.publish("bedroom/lights/", "OFF")
```

保存并退出。然后登录到树莓派 1 号主机上，打开终端并执行：

```
mosquitto_sub -h 192.168.3.16 -t "bedroom/lights/no1"
```

再到树莓派 2 号主机上执行之前创建好的脚本，如图 8-54 所示。

```
pi@upstest:~ $ python3 mymqtt.py
Creating new instance
Connecting to broker
Subscribing to topic bedroom/lights/no1
Publishing message to topic bedroom/lights/no1
```

图 8-54　执行脚本

立刻就可以在树莓派 1 号主机上看到执行结果，即我们用命令订阅的信息，如图 8-55 所示。

```
pi@raspberrypi:~ $ mosquitto_sub -h 192.168.3.16 -t "bedroom/lights/no1"

OFF
```

图 8-55　订阅结果

通过参考官方文档，可以实现更多功能。想象一下，通过一台树莓派向另一台树莓派发布消息，收到消息的树莓派解析出数据信息，只需要一个简单的判断就可以调用一下本地的函数，操作 GPIO 控制外部设备，是不是就实现了智能家居实验的一部分呢？

8.8　树莓派搭建 DHCP 服务器

8.8.1　什么是 DHCP 服务器

DHCP（Dynamic Host Configuration Protocol，动态主机配置协议）的作用就是给网络设备自动分配 IP 地址，不仅能够简化网络配置的难度，还可以防止手动设置 IP 地址产生的冲突，并有效地节省 IP 地址的浪费。很多时候，我们的 IP 地址都由路由器自动分配了，实际上路由器上就运行着一个 DHCP 服务。有人可能会觉得路由器已经提供这个功能了，为什么要用树莓派来搭建 DHCP 服务器？不是浪费资源么？大家换个角度想想，如果树莓派作为 AP（Access Point）使用，那么 DHCP 就是不可或缺的功能。

8.8.2　测试环境

1 台树莓派 4B 4GB 版本作为 DHCP 服务器，将其命名为 1 号主机；2 台树莓派 4B 2GB 版本作为常规树莓派客户端，分别命名为 2 号和 3 号客户端；1 台 TP-Link 的 5 口交换机及电源作为连接设备国；3 根以太网电缆进行连接；3 张 16GB TF 卡均烧录最新 Raspberry Pi OS，并且使用 3 台 5V/3A 的电源进行供电。其中，4GB 树莓派的 WiFi 连入家中的网络，这台树莓派将充当新局域网的网关。

这意味着：

◆ wlan0 = 家庭无线网络。

◆ eth0 = 新开发的局域网。

其他的两台树莓派通过新开发的局域网获取 IP 地址并访问 1 号主机的资源。其中，必须配置 eth0 为固定 IP 地址，否则 DHCP 服务会启动失败。本书配置 eth0 的 IP 地址为 10.0.0.1/24。因为涉及多台设备，读者可以设置同样的配置环境，不仅可以参考本书一步一步操作，还可以避免出错。

8.8.3　配置 1 号主机 DHCP 服务

首先安装 DHCP 组件：

```
sudo apt-get update
sudo apt-get upgrade
sudo apt-get -y install isc-dhcp-server
```

8.8.4　修改 DHCP 服务的配置

建议修改原始配置前备份一下配置文件：

```
sudo cp /etc/dhcp/dhcpd.conf /etc/dhcp/dhcpd.conf.bak
sudo nano /etc/dhcp/dhcpd.conf
```

修改配置文件包含以下内容：

```
option domain-name: "picluster.local";

option domain-name servers: 8.8.8.8,114.114.114.114;

subnet 10.0.0.0 netmask 255.255.255.0 {

range 10.0.0.1 10.0.0.100;

option subnet-mask 255.255.255.0;

option broadcast-address 10.0.0.255;

option routers 10.0.0.1; }

default-lease-time 6000;

max-lease-time 7200;

authoritative;
```

域名是开发网络的名称，这里使用了 picluster.local。域名服务器（DNS）用于将名称（例如 baidu.com 转换为 IP 地址）。添加的 DNS 服务器地址是 8.8.8.8 和

114.114.114.114，但可以使用任何可访问的 DNS 服务器地址替代。

子网是开发网络的 IP 地址，正在使用 10.0.0.0 的 IP 范围和 255.255.255.0 的网络掩码，网络掩码控制可以使用多少个 IP 地址。范围是可用的地址范围，例如允许 DHCP 给出 10.0.0.1 ~ 10.0.0.100 的地址。路由器选项是通过流量路由的地方（此处要求通过 10.0.0.1 路由流量）。默认租用时间和最大租用时间是地址租用可以持续多长时间。

此外，还需要告诉 isc-dhcp-server 仅在树莓派的以太网端口（eth0）上接受服务器 DHCP 请求，否则可能会发生冲突。

```
sudo nano /etc/defaults/isc-dhcp-server
```

将"INTERFACESv4="这一行的内容编辑为：

```
INTERFACESv4="eth0"
```

并保存退出。如果希望提供 IPv6 地址，则可以编辑 INTERFACESv6 所在行。如果正在使用不同的网络接口，可以通过 ifconfig 命令查询并更改。例如，如果想通过 WiFi 为 DHCP 请求提供服务，那么就改成"wlan0"。

8.8.5　重启服务以生效配置

此时，可以重新启动 isc-dhcp-server，在同一物理网络中的设备如果设置了自动获取 IP 地址则可以取得地址，如果无法得到地址，请检查配置文件，缺少分号或者大括号都会导致配置失败。经过下面的命令启用服务和重启服务器，并检查服务器状态。

```
sudo systemctl enable isc-dhcp-server.service
sudo systemctl restart isc-dhcp-server.service
sudo systemctl status isc-dhcp-server.service
```

8.8.6　开启路由转发

配置好 DHCP 服务后，虽然任何连接到 1 号主机的设备都获取了 IP 地址，但是无法访问互联网，这时需要开启树莓派上的路由转发功能，编辑配置文件：

```
sudo nano /etc/sysctl.conf
```

找到 net.ipv4.ip_forward 并改为：

```
net.ipv4.ip_forward=1
```

保存并退出，然后使用下面的命令让其及时生效。

```
sudo sysctl -p
```

8.8.7 配置 IPtables 实现流量路由

IPtables 是 Linux 常规的防火墙，它也可以用于路由流量，但是它在重启时会丢失配置，因此需要安装 iptables-persistent 包，方法如下：

```
sudo apt-get -y install iptables-persistent
```

安装完成后，执行下面的命令来配置 nat 路由和转发。

```
sudo iptables -t nat -A POSTROUTING -o wlan0 -j MASQUERADE

sudo iptables -A FORWARD -i wlan0 -o eth0 -m state --state RELATED,
ESTABLISHED -j ACCEPT

sudo iptables -A FORWARD -i eth0 -o wlan0 -j ACCEPT
```

配置完成后，通过 ping 命令测试一下是否能够访问互联网：

```
ping -c 4 www.baidu.com
```

如果测试成功，则保存配置并重启设备。

```
sudo netfilter-persistent save
sudo netfilter-persistent reload
```

8.8.8 注意事项

建议每个设备的主机名都改动一下，通过编辑 /etc/hostname 或者直接用命令更改主机名，也可以通过 sudo raspi-config 工具更改主机名，否则可能会遇到主机名相同的情况。

查看是否分配了 IP 地址以及哪个主机获取了什么 IP 地址，可以使用下列命令来查看 DHCP 分配的主机和 IP 地址的信息。

```
dhcp-lease-list
```

8.9　总　结

除了上述服务，在树莓派上能够运行的服务种类还有很多，包括 Web 服务器、FTP 服务器、DNS 服务器、邮件服务器、VPN 服务器等，甚至可以搭建 docker 环境和 kubernetes 服务集群环境，种类繁多，这里就不一一介绍了。只要肯尝试挖掘，开源领域的很有有趣的服务器都可以搭建在树莓派这个主机平台上。本章选择的是一些常用的服务和比较有趣的服务作为入门的跳板，等待大家挖掘更多有意思的应用！

第9章
树莓派上利用 TensorFlow 实现对象检测

引　言

现如今人工智能的趋势大火，越来越多的人关注到人工智能的一些有趣的应用，其中 TensorFlow 机器学习系统是谷歌大脑的第二代机器学习系统，它是一个开源软件库，用于各种感知和语言理解任务的机器学习。目前很多商业产品都在使用，如语音识别、Gmail、Google 相册及搜索，还有一个特别有趣的社区——DonkeyCar 社区也在使用 TensorFlow 神经网络框架进行自动驾驶无人小车的项目推广，其中也用到了树莓派。

下面就带领读者通过在树莓派上搭建 TensorFlow 的环境并尝试进行对象检测来完成神经网络学习入门的第一步。

9.1　软硬件环境介绍

9.1.1　硬件准备

◆ 树莓派 4B 4GB 版本，其他的树莓派版本也可以使用，只是可能性能上会有差异。

◆ 32GB 的 TF 卡。

◆ MicroHDMI 线。

◆ 支持 HDMI 接口的显示器一台。

◆ 鼠标键盘一套。

◆ 5V/3A、支持 USB-C 接口的电源。

◆ 树莓派官方摄像头及排线。

9.1.2 软件准备

到官方网站下载最新的 Raspberry Pi OS 系统并烧录到 TF 卡。

当前最新系统的版本信息和内核版本信息如下：

◆ 操作系统版本信息：Raspbian buster 10。

◆ 内核版本信息：5.10.17-v8+。

9.2 操作步骤

9.2.1 更新系统及软件仓库

在此，假定你已经烧录了系统并做了初始化设置，完成了联网，开启 SSH 等操作。
在树莓派上打开一个终端，然后在终端中输入：

```
sudo apt-get update
sudo apt-get upgrade -y
```

如果遇到报错，则执行：

```
sudo apt update -allow-releaseinfo-change
sudo apt upgrade -y
```

9.2.2 创建 TensorFlow 的工作目录

为了完整地完成项目的配置，并且避免文件的管理混乱，建议创建一个专门的目录作为工作目录，然后下载相关的文件并在工作目录中完成项目的配置。继续在终端中执行：

```
mkdir -pv  ~/tf
cd ~/tf
```

9.2.3   安装 TensorFlow 的 Python 库和部分依赖

```
sudo apt-get -y install libatlas-base-dev
pip3 install tensorflow
pip3 install pillow lxml jupyter matplotlib cython
sudo apt-get -y install python-tk
```

9.2.4   安装 OpenCV 视觉框架

因为涉及通过摄像头采集原始数据进行解算和分析，因此使用了最为流行的开源视觉框架 OpenCV，在树莓派上已经可以完美支持。安装 OpenCV 框架前需要先安装一些依赖的软件包：

```
sudo apt-get -y install libjpeg-dev libtiff5-dev libjasper-dev libpng12-dev
sudo apt-get -y install libavcodec-dev libavformat-dev libswscale-dev
sudo apt-get -y install libv4l-dev
sudo apt-get -y install libxvidcore-dev
sudo apt-get -y install libx264-dev
sudo apt-get -y install qt4-dev-tools
sudo apt-get install -y libqtgui4
sudo apt -y install python3-opencv
sudo apt -y install libqt4-test
```

安装过程中可能会遇到由于网络问题导致的失败，不用担心，重新执行上述的操作即可。最后这些依赖安装完成后，执行下面的命令安装 OpenCV 的 Python 库：

```
pip3 install opencv-python
```

安装完成后，通过在终端执行下面的命令来进行测试，查看安装是否成功：

```
python3
```

然后执行：

```
import cv2
cv2.__version__
```

执行后能看到版本信息就表示安装成功，如果无法看到版本信息，需重新执行之前的命令进行安装。

9.2.5　编译安装 Protobuf 组件

这是整个安装过程中最为耗时的一个步骤，请大家保持耐心，首先安装编译需要的工具。

```
sudo apt-get -y install autoconf automake libtool curl
```

1. 下载最新的源码，编译安装

```
wget https://github.com/protocolbuffers/protobuf/releases/download/
v3.10.0-rc1/protobuf-all-3.10.0-rc-1.tar.gz
```

2. 解压源码

在终端中进入存放压缩包的目录，进行解压缩和编译安装。为了增加编译的速度，使用了参数 -j4，表示调用 4 个核心一起进行编译，速度会快很多。在进行安装时，因为涉及文件系统的一些改动，所以在 make install 命令前要加入 sudo 命令保证权限，如下：

```
tar -xf protobuf-all-3.10.0-rc-1.tar.gz
cd protobuf-3.10.0-rc-1/
./configure
make -j4
sudo make install
```

代码中的 tar 命令是进行压缩包解压的命令，其中的 -xf 是选项，x 是提取，f 是指定文件名。对于 Linux 的源码编译安装，大多时候的执行步骤都是用 configure 命令检查编译环境，也称为预编译。接着 make 进行编译，sudo make install 进行安装，如图 9-1 所示。

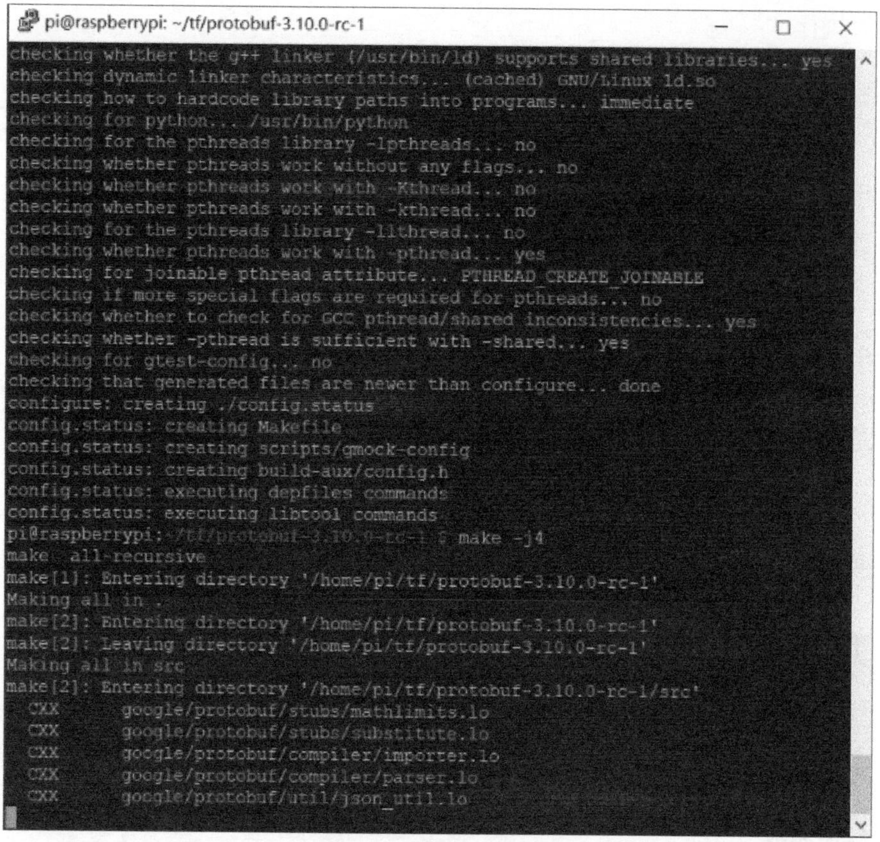

图 9-1　编译 Protobuf

在进行编译时，请大家一定注意 CPU 温度，可以再打开一个终端，然后输入：

```
vcgencmd measure_temp
```

这样执行一次命令就读取一次 CPU 的温度信息，如果需要连续获取，可以在终端中执行一个 Shell 脚本来运行一个死循环来监控 CPU 温度状态，在终端中输入：

```
while true
do
vcgencmd measure_temp
sleep 3
done
```

这样，屏幕上会一直打印当前 CPU 温度的信息，终止它的方法就是按下 Ctrl+C 组合键。如果想查看温度升高的过程，可以利用 sysbench 软件来压测，大家可以直接通过命令安装 sysbench：

```
sudo apt-get update
sudo apt-get -y install sysbench
sysbench --test=cpu --cpu-max-prime=20000 --num-threads=4 run
```

在另一个终端中执行前面的 Shell 脚本循环，就可以实时看到 CPU 温度的信息了。

3. 调整环境变量

为了能够很好地识别 Protobuf 的库文件，需要通过下面的命令调整环境变量：

```
cd python
export LD_LIBRARY_PATH=../src/.libs
python3 setup.py build --cpp_implementation
python3 setup.py test --cpp_implementation
sudo python3 setup.py install --cpp_implementation
export PROTOCOL_BUFFERS_PYTHON_IMPLEMENTATION=cpp
export PROTOCOL_BUFFERS_PYTHON_IMPLEMENTATION_VERSION=3
sudo ldconfig
```

4. 测试 Protobuf 是否成功安装

为了避免过程中出错，建议大家每一步都进行验证，可以直接在终端中执行：

```
protoc
```

如果提示类似"Usage：Protoc [option] PROTO_FILES"字样说明安装成功了。

9.2.6　重启系统

需要使用以下代码重启系统来清理一下缓存信息。一定要执行这一步骤，否则后续步骤中可能会出现意想不到的问题。

```
sudo reboot
```

9.2.7　重新登录系统并设置 TensorFlow 目录结构

系统重启后，登录进入系统并打开终端，在终端中通过下列命令来创建 TensorFlow 的目录结构。当然也可以根据自己的实际情况创建自己的目录结构，主要是为了方便管理。

```
mkdir tensorflow1
cd tensorflow1
```

9.2.8　下载 TensorFlow 模型

当目录结构创建好后，所有预测的部分都需要通过之前训练好的模型来进行解算，因此使用 GitHub 上其他人已经训练好的模型进行尝试。后期如果有需要，可以自己来训练模型，只是自己训练可能需要更长的时间和更多的训练素材，并且需要更高性能的设备和复杂的建模方法。下面尝试一下解算模型部分是否能够正常工作，在目录中执行下面的命令来下载相关模型，如果由于链路问题失败，需多次尝试或者更改 DNS 服务器地址：

```
git clone --recurse-submodules https://github.com/tensorflow/models.git
```

9.2.9　修改用户初始化配置文件

当模型下载好后，为了让用户每次登录到系统都可以使用相同的环境变量，可以将 tensorflow 的变量信息加入到 .bashrc 文件中，Linux 用户登录时会自动执行属主目录中的 .bashrc 这个初始化脚本文件，它是隐藏文件，文件名前方会有一个 "."。因此需要编辑 /home/pi/.bashrc 文件并添加：

```
export PYTHONPATH=$PYTHONPATH:/home/pi/tensorflow1/models/research:/home/pi/tensorflow1/models/research/slim
```

保存退出后，关闭当前终端并重新打开终端，查看是否在用户登录时初始化了该文件并已经初始化了变量，如果正常就可以继续操作。有的读者可能会选择直接用 souce 命令加文件名的方式初始化，效果是一样的：

```
souce /home/pi/.bashrc
```

9.2.10　利用 protoc 编译 Protocol Buffer 文件

现在，需要使用 protoc 来编译 Object Detection API 使用的 Protocol Buffer（.proto）文件。.proto 文件位于 / research / object_detection / protos 中，需要从 / research 目录来执行命令：

```
cd /home/pi/tensorflow1/models/research
protoc object_detection/protos/*.proto --python_out=.
```

这条命令是将所有以 .proto 后缀结尾的文件转换成以文件名加 _pb2.py 后缀的文件，注意输出的位置是"out=."部分指定的，这个"."不能省略，它表示当前目录。

9.2.11　下载 ssdlite_mobilenet_v2_coco 模型

接下来，需要切换进入 object_detection 目录下载轻量级的模型并解压：

```
cd /home/pi/tensorflow1/models/research/object_detection

wget http://download.tensorflow.org/models/object_detection/ssdlite_
mobilenet_v2_coco_2018_05_09.tar.gz

tar -xzvf ssdlite_mobilenet_v2_coco_2018_05_09.tar.gz
```

现在模型位于 object_detection 目录中，可以配置摄像头并开始使用模型来进行检测了。

9.3　对象检测测试

9.3.1　在树莓派上启用摄像头

在树莓派桌面上打开一个终端，然后在终端中输入：

```
sudo raspi-config
```

在弹出的 GUI 图形界面中，依次选择"Interface Options""Camera""Enable"，并确认后，重启树莓派。

9.3.2　下载检测脚本

在当前目录中执行下载脚本的操作：

```
wget https://raw.githubusercontent.com/EdjeElectronics/TensorFlow-
Object-Detection-on-the-Raspberry-Pi/master/Object_detection_picamera.py
```

这个脚本是一个例子，可以通过参考该检测文件来编写自己的检测脚本。

9.3.3 接入摄像头

关闭树莓派，并断电，然后将树莓派官方摄像头（CSI 接口）的 FPC 软排线插入树莓派 CSI 接口中并锁紧，确认排线插入正确。启动树莓派，通过树莓派配置菜单启用摄像头，或者通过 raspi-config 工具启用摄像头，如图 9-2 所示。

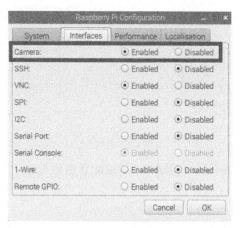

图 9-2　启用摄像头

启用摄像头后，系统会要求重新启动树莓派以便识别摄像头。一定按照系统要求来做，否则摄像头开启不了，检测也会失败。

9.3.4 执行脚本并进行检测

在系统重启完成后，进入之前设置的工作路径，本书的树莓派中当时所在的工作路径是：

```
/home/pi/tensorflow1/models/research/object_detection/
```

通过执行下面的命令来启动对象检测：

```
python3 Object_detection_picamera.py
```

如果使用 PuTTy 或者 Mobaxterm 远程通过 SSH 登录到树莓派时，无法调用桌面的图形环境，因此只能够实现字符界面的操作，在远程终端上，是看不到桌面环境的。由于该实验的程序在执行时会调用图形界面，因此操作时，需要提供显示的桌面信息，在 Linux 系统中，默认桌面的变量 DISPLAY 的值是 ":0.0"。在命令的前面加入

DISPLAY=：0.0 参数，来指定特定的桌面并执行相应的命令，如下：

```
DISPLAY=:0.0 python3 Object_detection_picamera.py
```

在执行该命令时，执行的环境为桌面环境中的第一个桌面，Linux 系统可以多个桌面共存，其中 HDMI 接口所接的屏幕显示的内容为第一个桌面的内容，如图 9-3 和图 9-4 所示。

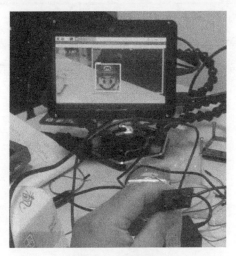

图 9-3　识别效果 1

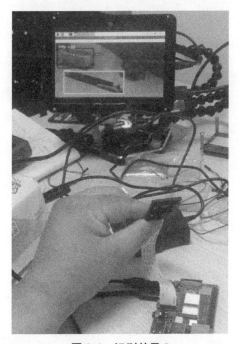

图 9-4　识别效果 2

在识别对象的过程中，可以看到其 FPS 最大帧率是 2 帧左右，可以通过调整分辨率来提高帧率，从而达到快速检测的目的。

9.4　总　结

这个实验的步骤非常多，在操作的过程中经常会因为网络不稳定或者软件包版本变化而无法进行下去，请读者保持耐心，一点点逐步推进，一定能够完成这个神经网络的小项目的！

第 10 章
树莓派扫描仪——树莓派 + OpenCV

引　言

OpenCV 是一个视觉框架，通过该框架，能够完成很多有趣的操作，它使计算机能够通过摄像头来模仿人类观察世界。前面的章节已经介绍了 OpenCV 的一些基础信息，接下来通过实战来更深入了解一些 OpenCV 的有趣之处。

在这一章，通过树莓派结合 OpenCV 的视觉框架，通过一个摄像头来制作一个实时的文档扫描仪，当需要扫描文档时，也许就能派上用场。

10.1　原　理

在树莓派上，可以通过摄像头采集原始数据，并通过 OpenCV 框架提供的各种 API（Application Programming Interface，应用程序接口）调用，快速实现对摄像头采集的图像的处理。例如，通过 OpenCV 库函数中的 imread 方法读取一张图片，然后通过其 getPerspectiveTransform 函数透视变换将图片投影到一个新的视平面

（Viewing Plane），从而将图片通过投影投射为特定需求的图形，也就是将一张看起来倾斜的图片，通过变换，将其变换为正面视图的图片。通俗的说，就是把原本的 2D 图像通过 OpenCV 完成几何变换，不改变图像的内容，只是使像素网格变形并将变形的网络映射到目标图像。

透视变换时需要用到的一个重要方法，也被称为投影映射（Projective Mapping）。以如图 10-1 所示的倾斜文档为例，当通过 OpenCV 进行矩阵变换后，得到的鸟瞰视图效果如图 10-2 所示。

图 10-1　倾斜的文档

图 10-2　鸟瞰视图

这只是一张静态图的变换，如果结合摄像头采集图片，然后进行批量的转换，那么就可以实现摄像头直接采集并转换文档了，类似一个扫描仪。

10.2　硬件准备

实现这个实验需要准备的硬件如下：

◆　一个树莓派开发板，任何型号均可，本书实验环境均为树莓派 4B 4GB 版本。

◆　一个树莓派官方摄像头（CSI 接口）或者一个 USB 接口摄像头（要求支持 UVC 驱动）。

◆　一张 32GB TF 卡，尽量选择 U3 以上的，以前的 Class10 的速度比较慢，不建议使用。

◆　一个 5V/3A 足量的电源（接口要求是 USB Type-C 类型）。

◆　一个摄像头支架（可选），主要是为了方便调试。

准备完成后，将树莓派的摄像头 FPC 软排线按照图 10-3 所示的方式接入树莓派的 CSI 接口，并扣紧卡扣。

图 10-3　安装树莓派摄像头

10.3　软件准备

10.3.1　软件包版本信息

软件方面需要使用 Raspberry Pi OS，当前使用的操作系统版本如下：

◆　Raspbian GNU/Linux 10 (buster)；

◆　virtualenv 版本：15.1.0；

◆　numpy 版本：1.20.2；

◆　OpenCV-Python 版本：4.5.1.48；

◆　Python 版本：3.7.3。

10.3.2　查看软件版本的方法

如果想要查看当前软件包的版本信息，可以在命令终端中执行下面的命令：

◆　查看系统信息：lsb_release –a；

- ◆ 查看 virtualenv 版本：virtualenv –version；
- ◆ 查看 numpy 版本：pip list |grep numpy；
- ◆ 查看 OpenCV 版本：pip list |grep opencv-python；
- ◆ 查看 Python 版本：python3 –v。

10.4   配置环境

10.4.1   检查网络状态

通过 etcher 烧录好系统后，建议大家完整地按照下列提供的步骤进行配置。在确保树莓派能够很好地连接网络的情况下，打开一个终端窗口，快捷键是 Ctrl+Alt+T。

测试联网的方式是在终端中输入 ping –c 4 www.baidu.com，如果看到类似如下内容，表示通信正常：

```
(venv) pi@RPi8g:~/venv $ ping -c 4 www.baidu.com
PING www.wshifen.com (103.235.46.39) 56(84) bytes of data.
64 bytes from 103.235.46.39 (103.235.46.39): icmp_seq=1 ttl=47 time=74.7 ms
64 bytes from 103.235.46.39 (103.235.46.39): icmp_seq=2 ttl=47 time=74.2 ms
64 bytes from 103.235.46.39 (103.235.46.39): icmp_seq=3 ttl=47 time=74.4 ms
64 bytes from 103.235.46.39 (103.235.46.39): icmp_seq=4 ttl=47 time=74.1 ms

--- www.wshifen.com ping statistics ---
3 packets transmitted, 3 received, 0% packet loss, time 4ms
rtt min/avg/max/mdev = 74.150/74.408/74.696/0.315 ms
```

如果提示是 request timeout，则需要检查网络配置并重新检测网络状态。

10.4.2   更新软件仓库并安装软件

在终端中执行下面三条命令，分别是更新软件仓库索引信息、升级软件包、安装 virtualenv 的虚拟环境。

```
sudo apt-get update
sudo apt-get -y upgrade
sudo apt-get -y install virtualenv
```

10.4.3 创建并激活虚拟环境

当安装顺利完成后，在终端中继续执行下面的命令：

```
cd ~
virtualenv -p python3 venv
cd venv
source bin/activate
```

第一条命令表示进入 pi 用户的家目录（home directory），绝对路径就是 /home/pi/。第二条命令表示创建一个虚拟环境 venv，这个命令大家可以根据自己项目随便定制，此处使用 venv，比较容易看出来是在自己的虚拟环境中，因此一般创建虚拟环境都使用这个名字；-p python3 的意思是使用 Python3 作为命令解释器。树莓派系统默认支持两个 Python 的版本：一个是 Python2.7.16，另一个是 Python3.7.3，我们需要用 Python3 的环境，因为它也是未来的主流方向。第三条命令表示进入虚拟环境的目录，由于虚拟环境需要激活才可以使用，用 source bin/activate 激活虚拟环境，就会在命令提示符的最前方看到虚拟环境的名字信息，如图 10-4 所示。

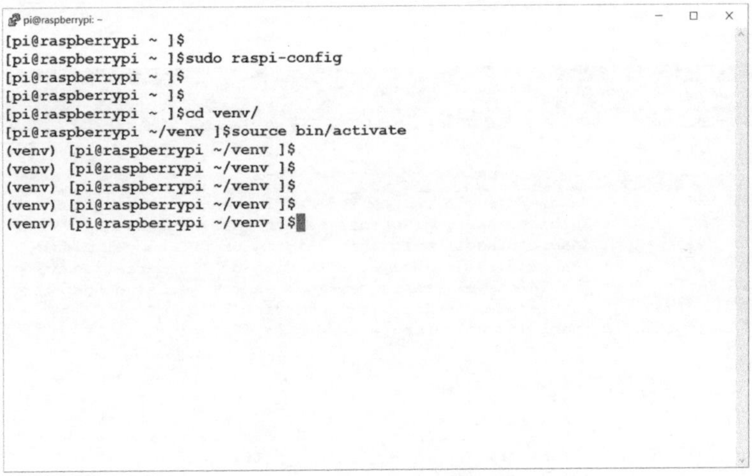

图 10-4 虚拟环境激活状态

10.4.4 启用摄像头

打开摄像头的操作如果在第 9 章已经完成，则跳过该步骤，如果之前没有执行过，则需要按照下面的操作完成，打开一个终端并在终端中输入：

```
sudo raspi-config
```

按 Enter 键后，依次选择如图 10-5~ 图 10-7 所示的选项，完成启用摄像头的配置。

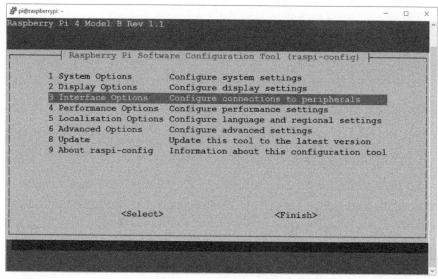

图 10-5　启用摄像头 1

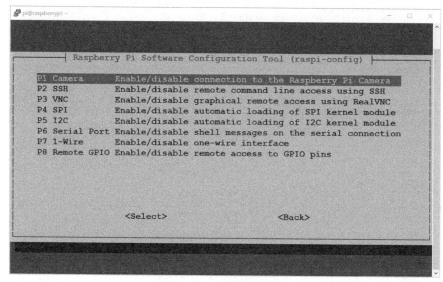

图 10-6　启用摄像头 2

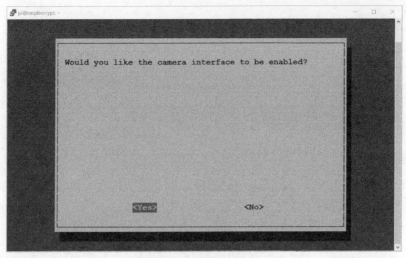

图 10-7　启用摄像头 3

配置完成后，重启树莓派使配置生效。

10.5　代码调试

经过上面的配置，硬件环境就已经搭建好了，接下来就可以启动树莓派并打开一个终端或者直接打开编辑器进行代码编写。初学者可以使用 nano 编辑器，但是本书推荐使用 vim.tiny 编辑器，刚开始可能会觉得比较难，但是一旦入门了这个编辑器以后，基本上在所有的 Linux 发行版上都可以用它顺畅地进行文档编辑了。

首先通过编辑器编写代码如下：

```
import cv2
import numpy as np

circles = np.zeros((4, 2), np.int)        # 用 numpy 创建一个圆的矩阵
counter = 0


def mousePoints(event, x, y, flags, params):     # 定义鼠标单击后获取的位置函数
global counter
if event == cv2.EVENT_LBUTTONDOWN:
print(x, y)
circles[counter] = x, y
counter += 1
```

```
img = cv2.imread('a4.jpg')                          # 读取图片信息

while True:
if counter == 4:                                    # 判断鼠标是否单击了四次
width, height = 600, 800
pts1 = np.float32([circles[0], circles[1], circles[2], circles[3]])
                                       # 原图的四个点坐标
pts2 = np.float32([[0, 0], [width, 0], [0, height], [width, height]])
                                       # 转换后的目标图四个角的坐标
matrix = cv2.getPerspectiveTransform(pts1, pts2)  # 构建透视变换矩阵
output = cv2.warpPerspective(img, matrix, (width, height)) #输出转换透视图
cv2.imshow('output img', output)                    # 显示转换后的图

for i in range(0, 4):  # 为了方便识别单击的位置，在单击的位置上画实心圆
cv2.circle(img, (circles[i][0], circles[i][1]), 3, (0, 255, 0), cv2.FILLED)
cv2.imshow("origin img", img)                       # 显示原图
cv2.setMouseCallback("origin img", mousePoints)  # 设置鼠标回调函数
if cv2.waitKey(1) & 0xFF == ord('q'):
break

cv2.destroyAllWindows()
```

将文件保存为 mouse_warpperspective.py，然后通过命令行执行：

```
python3  mouse_warpperspective.py
```

执行后，用鼠标在页面的白色区域的四个顶角单击一下，如图 10-8 所示。

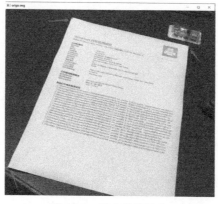

图 10-8   单击位置示意

最后一个点可以单击白纸右下角的位置，大致和右上角的点平行即可。

这时就会显示出转换后的图形，如图 10-9 所示。

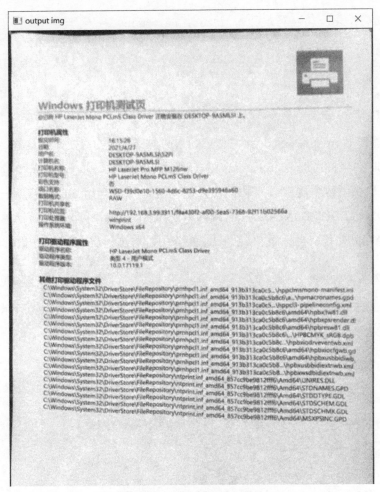

图 10-9 透视变换后的图形

接下来详细分析一下代码的内容：

```
import cv2
import numpy as np
```

导入 cv2 的库和 numpy 的库，它们提供的方法在后面会用到。

```
circles = np.zeros((4, 2), np.int)
counter = 0
```

利用 np.zeros 创建一个 4×2 的全零矩阵，作为鼠标点到屏幕上时的圆点，并且定义一个变量 counter。

```
def mousePoints(event, x, y, flags, params):
global counter
if event == cv2.EVENT_LBUTTONDOWN:
print(x, y)
circles[counter] = x, y
counter += 1
```

创建一个函数 mousePoints，给它传递的参数为鼠标单击时的事件信息。其中，x、y 为鼠标单击时的坐标；flags 和 params 是传递进来的参数。将 counter 变量声明成全局变量，目的是在函数中能够一直访问变量的内容，一般会用 global 声明一次。if 语句中调用了 cv2 的 LBUTTONDOWN 的鼠标单击事件，然后打印了当鼠标单击时在屏幕上的 x、y 坐标，并且将坐标添加到 circles 矩阵中，单击一次 counter 中的计数就会加 1。

```
img = cv2.imread('a4.jpg')
```

利用 cv2 的 imread 方法读取一张图片，这个图片包含着如图 10-1 所示的内容，是一个倾斜的文档。

```
while True:
if counter == 4:
width, height = 1600, 900
pts1 = np.float32([circles[0], circles[1], circles[2], circles[3]])
pts2 = np.float32([[0, 0], [width, 0], [0, height], [width, height]])
matrix = cv2.getPerspectiveTransform(pts1, pts2)
output = cv2.warpPerspective(img, matrix, (width, height))
cv2.imshow('output img', output)

for i in range(0, 4):
cv2.circle(img, (circles[i][0], circles[i][1]), 3, (0, 255, 0), cv2.FILLED)

cv2.imshow("origin img", img)
cv2.setMouseCallback("origin img", mousePoints)
if cv2.waitKey(1) & 0xFF == ord('q'):
break

cv2.destroyAllWindows()
```

这一段进入一个 while 循环，循环中不断地判断 counter 的数字，当 counter 是 4 时，意味着在屏幕上单击了鼠标四次，即顺时针单击了需要转换的图片的四个顶点。首先，定义了输出图片的宽度和高度；然后，定义原始图片的四个顶点的坐标矩阵，并存储到 pts1 变量中，接着定义目标图片的四个顶点坐标的矩阵数据，并存储到 pts2 变量中；接着，利用 cv2 的 getPerspectiveTransform 方法实现一个变换矩阵的参数 matrix；最后，使用 warpPerspective 方法对原图进行转换，转换的参考矩阵利用 matrix，并且根据定义好的宽度和高度进行转换，输出后利用 imshow 显示这张图。

```
for i in range(0, 4):  # 为了方便识别点击的位置，在点击的位置上画实心圆
cv2.circle(img, (circles[i][0], circles[i][1]), 3, (0, 255, 0), cv2.FILLED)
```

在 for 循环里只遍历 0~3 这四个数据，是为了在鼠标按下时，在对应的 x、y 坐标中提供一个实心的圆（cv2.FILLED），这里使用了 circle 方法来绘制圆圈图形，其中的参数为 cv2.circle（绘制到哪里，绘制时的 x、y 坐标，线宽，颜色，实心还是空心圆）。

```
cv2.setMouseCallback("origin img", mousePoints)
```

该语句是设置鼠标的回调函数，当在原图上单击时，调用 mousePoints 函数获取相应的鼠标单击次数和坐标位置。

```
if cv2.waitKey(1) & 0xFF == ord('q'):
break
```

判断用户是否按下了 q 键实现退出。这个 waitKey ( ) 方法是允许用户可以退出程序的交互方法，其中的 1 表示 1s，即循环过程中，会每隔 1s 检测一次是否按下 q 键，等待用户交互。

10.6　应用拓展

在上述代码的基础上，可以利用树莓派定制一个简单的扫描仪，通过摄像头采集图片，然后进行透视变换，大家想一下如何修改代码？

```
import cv2
import numpy as np
```

```
cap = cv2.VideoCapture(0)

circles = np.zeros((4,2), np.int)
counter = 0


def mousePoints(event, x, y, flags, params):
global counter
if event == cv2.EVENT_LBUTTONDOWN:
print(x,y)
circles[counter] = x, y
counter += 1


while True:
ret, frame = cap.read()
if counter == 4:
width, height = 600, 800
pts1 = np.float32([circles[0], circles[1], circles[2], circles[3]])
pts2 = np.float32([[0,0],[width, 0],[0, height],[width, height]])

matrix = cv2.getPerspectiveTransform(pts1, pts2)
output = cv2.warpPerspective(frame, matrix, (width, height))
cv2.imshow('output_img', output)
cv2.imwrite("output_img.jpg", output)

for i in range(0, 4):
cv2.circle(frame, (circles[i][0], circles[i][1]), 3, (255,0,0), cv2.FILL
ED)
cv2.imshow("origin img", frame)
cv2.setMouseCallback("origin img", mousePoints)
if cv2.waitKey(1) & 0xFF == ord('q'):
break

cap.release()
cv2.destroyAllWindows()
```

在新修改的代码中只添加了 4 句，如下：

◆   cap = cv2.VideoCapture(0)，实例化了一个 cap 对象，调用了摄像头，由于是第
一个摄像头，因此参数填写了"0"，这里的 0 是摄像头索引的 id 号。

◆   ret, frame = cap.read()，读取摄像头采集到的每一帧。

◆　cv2.imwrite("output_img.jpg", output)，将图片保存到 output_img.jpg 存档。

◆　cap.release()，比较好的习惯就是每次结束程序前释放摄像头对象，便于下一次调用。

10.7　总　结

　　在生活中经常会遇到需要图形透视变换的场景，通过 Python 和 OpenCV 的简单调用，很快就可以实现一个图形的透视变换操作，并通过摄像头实时调用，生成一个树莓派扫描仪的应用。其最核心的部分就是通过鼠标的单击生成的矩阵创建目标矩阵，然后通过透视变换将图形变化成我们想要的状态，接着保存到相应的文件。这是一个非常简单的基于视觉框架的应用，大家完成后可以思考一下，如果在学校里需要实现阅卷自动化处理，那么数据采集的第一步的操作就是把卷子的内容扫描出来并调整其图像的状态，然后存储在本地磁盘，是不是就可以采用示例的方法去实现呢？

第11章
AI 换鼻子——树莓派 +OpenCV

引 言

随着计算机视觉技术的发展，越来越多的视觉应用不断涌现，在我们身边就不乏这样的例子，例如：抖音 App 的换脸特效；一些国外程序员开发的高精度的面部轮廓信息采集分析仪；微信应用中利用 AI 来实现面部识别，然后替换嘴唇部位的颜色来提供在线口红色号更换的尝试；也有一些创客利用 AI 采集眼部轮廓进行贴图替换，将不同格调的眼镜框实时地叠加在视频或者摄像头采集的数据流上，用户就可以利用类似的应用开发在线配眼镜的商业应用 App 了；当然还有一些通过对面部轮廓中眼部的状态来判断驾驶员是否在打瞌睡，制作了车载瞌睡安全提示器。本章的内容就是带领大家在树莓派上通过 OpenCV 和 dlib 库集合并对摄像头采集的人脸的五官中鼻子的部位进行替换，来制作一个好玩的 AI 换鼻子的应用，整个操作步骤的视频可以通过扫描封底二维码获取。

11.1　AI 换鼻子的原理

树莓派通过 OpenCV 调用摄像头采集视频流，并利用 dlib 库中提供的算法对每一帧的图片进行处理，找出图片中人脸的 68 个 landmarks（地标信息）。通过 landmark 定位点中鼻子的位置，找到摄像头采集到的人脸中鼻子的大概位置，并将鼻子的区域作为 ROI 区域，通过蒙板遮罩的效果替换成已有的猪鼻子图片，融合到图片中，然后在屏幕上显示，完成动态的 AI 换鼻子操作。

11.2　硬件需求

◆ 树莓派 4B（Raspberry Pi 4B），如果手上有 3B+ 或者 3B 也可以，只是可能执行速度比较慢一些，但是效果是一样的。

◆ 16GB Class 10 TF 卡，如果希望存储视频，可以选择容量更大一些的卡，例如：32GB 或者 64GB 的卡。

◆ 5V/3A 的电源，如果电源虚标将会导致供电不足，而供电不足将会在开机的画面上闪烁一个黄色的闪电，说明电源的压降比较大，当供电电压低于 4.85V 时，就会出现黄色闪电的低压警告，虽然依然可以使用树莓派，但是会导致树莓派低压降频运行，就意味着运行速度会大打折扣。

◆ 树莓派官方摄像头 CSI 接口（5MP）或者 USB 摄像头。

11.3　软件需求

11.3.1　Raspbian 操作系统

当前能够从官方网站下载的最新的 Raspbian 版本为 2019-09-26，内核版本为 4.19，对于初学者本书建议下载的版本为 Raspbian Buster with desktop and recommended software，虽然会比较大，但是会安装很多软件，等大家完全熟悉了再使用 Raspbian Buster Lite 版本做定制开发，Raspbian OS 选型如图 11-1 所示。

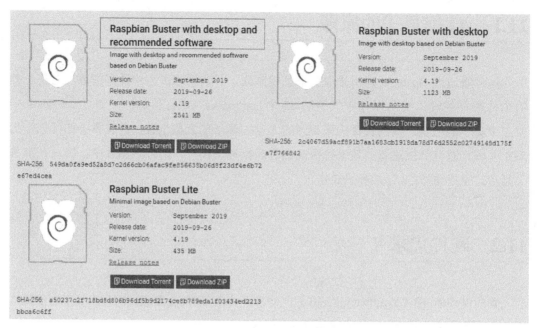

图 11-1　Raspbian OS 选型

系统镜像下载链接可参考网站：https：//www.raspberrypi.org/downloads/。

11.3.2　Python3 环境

树莓派的系统中默认 Python 的环境是 Python 2.7.16，如图 11-2 所示。

```
pi@raspberrypi:~$
pi@raspberrypi:~$
pi@raspberrypi:~$
pi@raspberrypi:~$ python -V
Python 2.7.16
pi@raspberrypi:~$
```

图 11-2　python 环境信息

但是本章的操作中需要使用 Python3 的环境，因此可以参考如下操作来安装 Python3 的环境，打开一个终端，在终端中输入如下命令进行更新，运行如图 11-3 所示。

```
sudo  apt-get  -y  update
sudo  apt-get  -y  install  python3
```

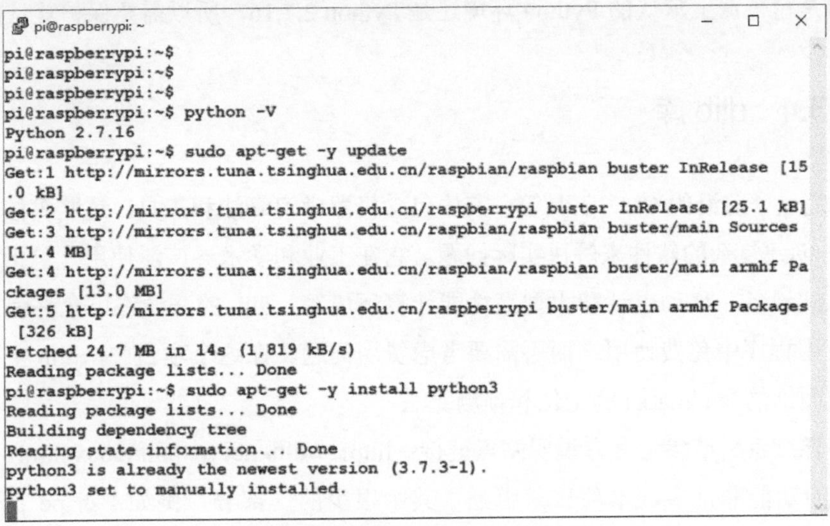

图 11-3　更新系统及安装 Python3

通过图 11-3 可以看出，系统中已经将 Python3 安装过了，所以提示已经是最新版本了，目前 Python 官方的版本是 3.8.1，树莓派仓库最新的版本是 3.7.3，如图 11-4 所示。

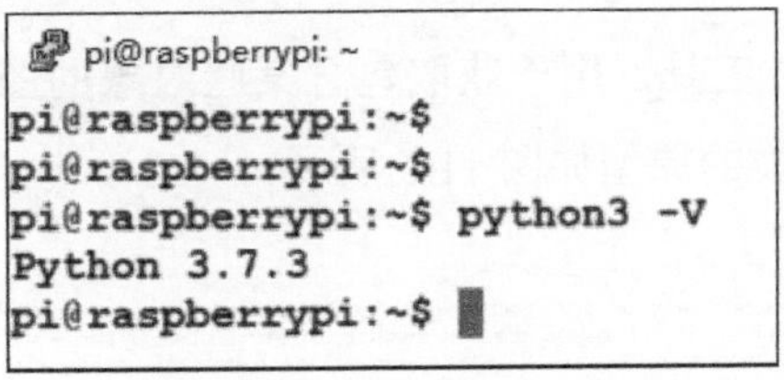

图 11-4　Python3 版本信息

11.3.3　virtualenv 环境

"virtualenv is a tool to create isolated Python environments." 官方的原话的意思是 virtualenv 是一个能够创建 Python 独立环境的工具。为什么要创建独立的 Python 环境呢？是因为 virtualenv 通过创建独立 Python 开发环境的工具和库来解决依赖、版本以及间接权限问题。比如，一个项目依赖 Django1.3，而当前全局开发环境为 Django1.7，版本跨度过大，导致不兼容使项目无法正常运行，使用 virtualenv 可以解决这些问题；亦或是当需要安装的 Python 库有可能会损坏系统当前的开发库环境时，建议使用 virtualenv。此外，在项目中使用 virtualenv 来创建独立的虚拟环境，可以保障每次的项目都有一个纯净的 Python 环境，不管是 Python3 或者 Python2，虽然 Python2 已经官方停止技术支持了，但是树莓派上默认的 Python 环境还是 Python 2.7.16，所以需要保护默认的环境。

11.3.4　dlib 库

dlib 是一个前沿的 C ++ 工具箱，其中包含机器学习算法和工具，这些算法和工具可以用 C++ 创建复杂的软件来解决实际问题。它在工业和学术界广泛使用，包括机器人技术、嵌入式设备、移动电话和大型高性能计算环境等。dlib 的开源许可允许使用者可以在任何应用程序中免费使用它而不需要考虑费用问题。在这个项目中，dlib 主要提供了进行图像面部的 landmarks 的定位和预测算法。

更多详细资料请参考官方说明站点链接：http：//dlib.net/python/index.html。

dlib 的功能非常多，本项目只用到了其中很少的一部分，例如：shape_predictor 工具和 get_frontal_face_detector 函数是本项目关注的重点。

11.3.5　shape_predictor 工具和 get_frontal_face_detector 函数

shape_predictor 是一种工具，用于获取包含某些对象的图像区域并输出定义该对象姿势的一组点位置。这个类的原型如图 11-5 所示。

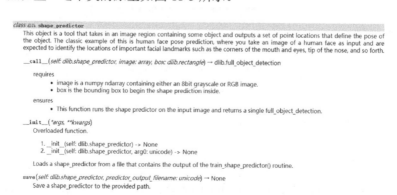

图 11-5　类原型

一个典型的例子是人脸姿势预测，使用者可以将人脸图像作为输入，并期望识别出重要的人脸标志的位置，例如嘴角、眼睛角、鼻尖等。

例如，以下是来自 HELEN 数据集的图像上 dlib 的 68-face-landmarks shape_predictor 的输出，如图 11-6 所示。

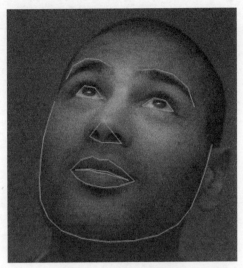

图 11-6　HELEN 数据集

要创建此对象的有用实例，本来是需要使用 shape_predictor_trainer 对象，并使用一组训练图像来训练 shape_predictor，每个训练图像均带有要预测的形状才可以，大量的训练才能够得出精准的信息。如果自己训练需要大量的数据集及图片资源，还要提供高性能的服务器，并经过很长时间的训练才可以完成，期间可能会出现很多不可预知的问题，难度比较大。但是已经有人为此训练好了模型，读者可以用已经训练好的模型来进行预测，准确率会高很多，并且也很方便。

为什么叫 68-face-landmarks 呢？就是把人脸的外形预测通过 68 个关键点来展示，如图 11-7 所示。

通过 landmarks 的定义，可以很容易地找到鼻子部位的 landmark 的区间，编号 29~35 的区域就是 AI 识别出来的鼻子所在的区域，将这块区域替换成想要替换的目标图像，就可以实现项目目标。

在实验中，当 get_frontal_face_detector ( ) 被调用时，会返回一个对象（Object），这个对象中包含的内容就是默认的面部检测后预测的面部检测（face detector）的内容，这个内容包含了检测到的面部的 68 个 landmark 的位置对象，具体内容如图 11-8 所示。

图 11-7　68-face-landmarks

```
dlib.get_frontal_face_detector() → dlib::object_detector<dlib::scan_fhog_pyramid<dlib::pyramid_down<6u>,
dlib::default_fhog_feature_extractor> >
    Returns the default face detector
```

图 11-8　函数原型

遍历这些 face 对象，找到这些对象的 landmark 所对应的点的 x 坐标和 y 坐标，然后就可以利用 OpenCV 的蒙板替换，将想要贴的图片替换到响应的位置来完成鼻子的更换。当然，除了鼻子，眼睛和嘴巴也都可以做替换或者变形等各种图形操作。

11.3.6　预测模型库下载

shape-predictor-68-face-landmarks.dat 的库是要提前下载的，下载地址为 http：//dlib.net/files/shape_predictor_68_face_landmarks.dat.bz2。

11.4　操作步骤

11.4.1　烧录镜像，启动并完成初始化配置

烧录镜像推荐使用的工具是 Etcher，其下载链接为 https：//www.balena.io/etcher/。推荐这款软件主要是因为它带有自动校验的功能，而且烧录速度比较快。

双击运行软件，进入如图 11-9 所示的界面。

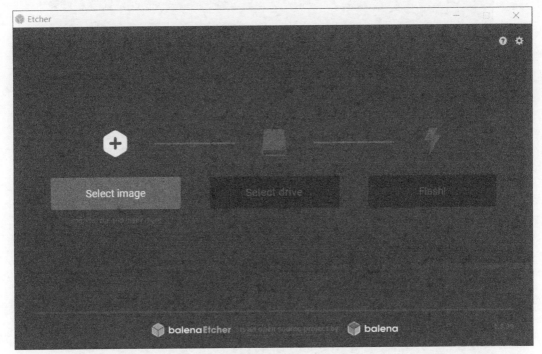

图 11-9　Etcher

单击 Select image 按钮，选择要烧录的镜像文件，需要说明的是，镜像文件下载下来是 zip 包，需要解压缩后再进行烧录，如图 11-10 所示。

> iso > RPI > zip > 2019-09-26-raspbian-buster-full			
名称 ∧	修改日期	类型	大小
2019-09-26-raspbian-buster-full.img	2019/9/26 8:46	光盘映像文件	6,651,904...
2019-09-26-raspbian-buster-full.zip	2019/10/25 11:22	压缩(zipped)文件...	2,601,870...

图 11-10　镜像文件

把 TF 卡插入读卡器并连接到计算机后，单击 Select drive 按钮，选择需要烧录的卡，在 Windows 系统中识别为 SDHC Card，具体容量参考购买的卡的容量标识，如图 11-11 和图 11-12 所示。

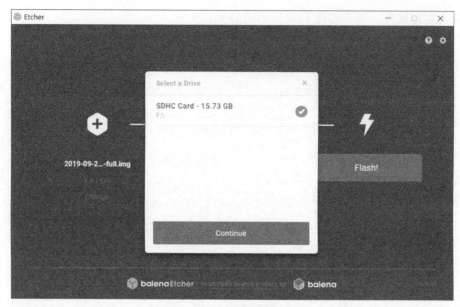

图 11-11   选择驱动器 1

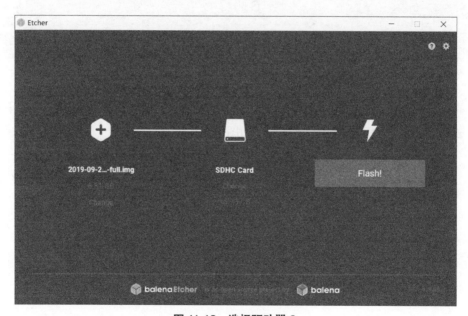

图 11-12   选择驱动器 2

单击 Flash！按钮，开始烧录，烧录过程如图 11-13 所示。

图 11-13　烧录过程

当出现蓝色的 Validating 说明烧录完成正在进行校验，如图 11-14 所示。

图 11-14　校验

校验完成后进入如图 11-15 所示的界面，表示烧录完成。

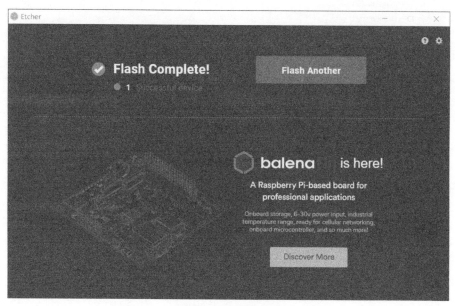

图 11-15　烧录完成

11.4.2　启动树莓派

首先需要将烧录好系统的 TF 卡插入树莓派，切记不要插反，否则会损坏 TF 卡槽，如图 11-16 所示。

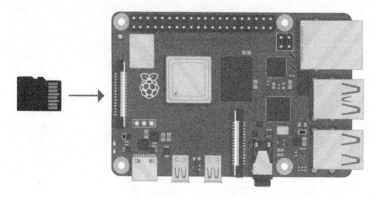

图 11-16　插入 TF 卡

然后连接外设，如键盘、鼠标、USB 摄像头、以太网线等，最后接 5V 电源线，如图 11-17 所示。

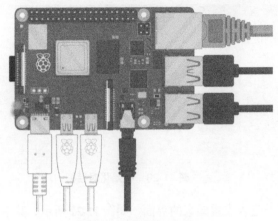

图 11-17　连接外设

如果没有第二个屏幕，是不需要接第二根 HDMI 线缆的。

一旦开机，绿色的磁盘灯闪烁几次后就会在屏幕上看到 4 个树莓派（树莓派 4B 的 4 个核心），如图 11-18 所示。

图 11-18　树莓派 4 核图示

然后是启动序列，等待启动完成会自动进入桌面，如图 11-19 所示，并弹出初始化对话框，如图 11-20 所示。

图 11-19　树莓派桌面

图 11-20　初始化对话框

单击 Next 按钮，进入设置国家的界面，如图 11-21 所示。其中，Country 选择 China，Language 选择 British English，Timezone 选择 Shanghai，并勾选 Use English language 和 Use US keyboard 选项。需要注意的是，选择英文是避免汉字输入法未安装导致的一些小 bug；选择美标的键盘是为了兼容常用的键盘类型。这个设置不能忽略，因为如果不设置 Country，WiFi 是不会启用的。

图 11-21　设置国家

设置完成后，单击 Next 按钮，进入更改用户密码界面，如图 11-22 所示。

图 11-22　更改 Pi 用户密码

　　Pi 用户的默认密码是 raspberry，更换成自定义密码，安全性会稍微高一些，后期也可以用命令 sudo password 去更改密码。

　　单击 Next 按钮，进入选择 WiFi 网络界面，如图 11-23 所示。选择自己熟悉的 SSID，输入密码验证通过就可以联网。

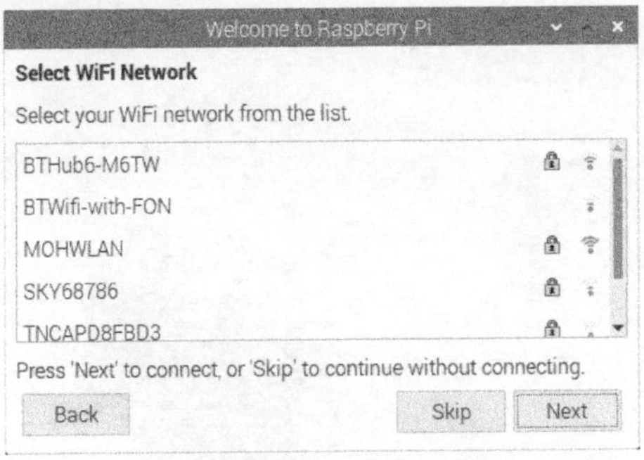

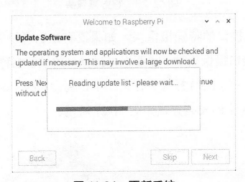

图 11-23　选择 WiFi 网络

　　单击 Next 按钮，更新系统，如图 11-24 所示。

图 11-24　更新系统

　　系统更新完成后会提示重启系统，如图 11-25 所示，此时树莓派已配置好，可以开始项目的环境构建了。

图 11-25　设置完成

11.4.3   接入摄像头

此应用是通过摄像头采集人脸信息预测面部器官的位置，并进行图形操作的，因此摄像头是必不可少的设备，首先需要接驳摄像头，官方摄像头如图 11-26 所示。

图 11-26   官方摄像头

官方摄像头为 CSI 接口的特殊摄像头，如果没有，也可以用 USB 接口的摄像头替代，只是在使用 USB 接口摄像头时，需要根据摄像头的设备名称对后续代码进行修改。一般情况下，第一个接入的 USB 摄像头在系统中识别为 /dev/video0。

摄像头在树莓派 3B 上的安装方式如图 11-27 所示。

图 11-27   摄像头安装细节

接入时，需注意排线的方向，有金手指的部分朝向 TF 方向的位置，在 HDMI 和 3.5mm 复合音视频接口的中间是 CSI 摄像头接口，轻轻扣住两边的塑料块向上轻微抬起，将排线按照图 11-27 所示的方向插入，并按下白色的塑料将排线锁住（有的树莓派是灰色的锁扣，不要在意颜色的变化）。

至此，硬件的连接完成。

11.4.4　系统初始化环境调试

系统初始化环境调试步骤如下。

- ◆　登录系统。
- ◆　开启 SSH 或 VNC。
- ◆　更新系统及安装软件包。
- ◆　启用摄像头。

在这个步骤中主要是完善系统初始化后为项目搭建环境所需要做的准备，有的朋友拿到树莓派就直接去改软件源，更改到国内的源，其实并没有这个必要，因为新的系统会自动根据用户所在的国家、位置等推荐线路最好的源。因此大多数情况下我们只需要登录上去后启用摄像头即可，打开一个终端，如图 11-28 所示。

图 11-28　打开终端

在弹出的黑色命令提示符中输入如下命令并回车执行：

```
sudo raspi-config
```

依次选择如图 11-29~ 图 11-32 所示的选项，完成启用设置。

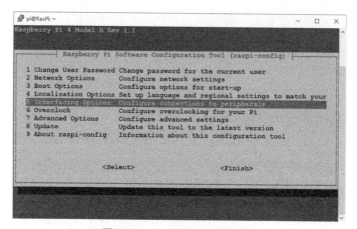

图 11-29　Interfacing Options

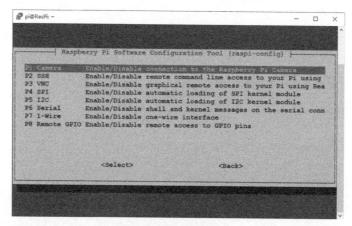

图 11-30　启用摄像头 1

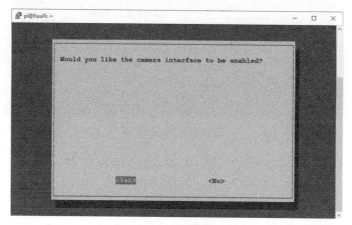

图 11-31　启用摄像头 2

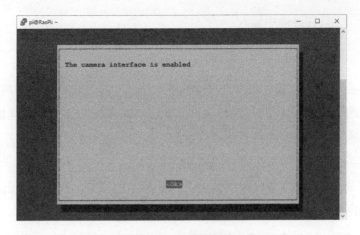

图 11-32　启用摄像头 3

完成后，会回到最初的页面，可以通过 TAB 键切换到 Finish 选项完成操作。配置完成后会提示重启系统使配置生效，选择重启即可。

11.4.5　树莓派摄像头测试

测试方法是在树莓派上打开一个终端，然后在终端中输入：

```
raspistill  -o  test.jpg
```

就会在当前目录中生成一个 test.jpg 的照片文件。

11.4.6　编写代码

1. 关于编辑器

在树莓派上编写一个 Python 的脚本文件，可以使用 nano 编辑器或者使用 vim.tiny 编辑器。初学者使用 nano 编辑器就和使用 Windows 的记事本一样方便；vim.tiny 编辑器在易用性方面比 nano 编辑器差一些，但使用熟练以后，会觉得 vim.tiny 编辑器才是编辑器里面的神器，其丰富的插件几乎可以让你做任何事情。此外，还可以通过图形界面的 gedit 编辑器来进行文档编辑。

2. 项目环境搭建

（1）虚拟环境

在编写代码前，为了保证测试环境干净无干扰，可以通过 virtalenv 来生成虚拟环境，打开一个终端，并且在终端中输入：

```
virutalenv -p python3  pignose
```

这条命令会在当前目录中创建一个 pignose 目录，并且在目录中生成 Python3 的基本环境，我们的项目就在这个目录中，所有的项目文件都放在这个目录里面。

一个很好的习惯就是每个项目都独立存放，不会因为安装 Python 的库而导致不兼容的情况出现，而且非常便于分发和故障排除。

在执行这条命令以后，如果出现如图 11-33 所示的现象，说明安装出现了问题，可能是网络不稳定或者目标站点访问失败导致，不用担心，重新执行即可。

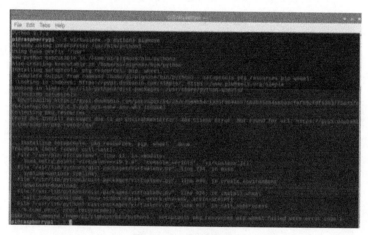

图 11-33　错误图示

正常完成应该如图 11-34 所示。

```
pi@raspberrypi: ~                                          —  □  ×
pi@raspberrypi:~/1$
pi@raspberrypi:~/1$
pi@raspberrypi:~/1$ virtualenv -p python3 pignose
created virtual environment CPython3.7.3.final.0-32 in 440ms
  creator CPython3Posix(dest=/home/pi/1/pignose, clear=False, global=False)
  seeder FromAppData(download=False, pip=latest, setuptools=latest, wheel=latest
, via=copy, app_data_dir=/home/pi/.local/share/virtualenv/seed-app-data/v1)
  activators BashActivator,CShellActivator,FishActivator,PowerShellActivator,Pyt
honActivator,XonshActivator
pi@raspberrypi:~/1$ ls
pignose
pi@raspberrypi:~/1$ cd pignose/
pi@raspberrypi:~/1/pignose$ ls
bin  lib  pyvenv.cfg
pi@raspberrypi:~/1/pignose$
pi@raspberrypi:~/1/pignose$
```

图 11-34　正常完成

（2）项目资源上传方式

将需要用到的素材传入树莓派的项目目录 pignose，Windows 的用户可以使用 filezilla 将文件传入，Mac 的用户可以打开终端直接通过 scp 命令将文件传入。本书使用 scp 命令上传，命令如下：

```
scp  pignose.png  pi@192.168.3.20:/home/pi/pignose/
```

其中，pignose.png 是猪鼻子的卡通图片；pi 是用户名；192.168.3.20 是当前树莓派的 IP 地址；/home/pi/pignose/ 是文件存放路径，与树莓派 IP 地址之间用冒号（:）分隔开。然后回车后输入树莓派的密码 raspberry 即可上传（前提条件是树莓派已经正常联网，Mac 主机和树莓派在同一网络环境，并且树莓派开启了 SSH 服务，如果没有开启 SSH 服务，请参考 sudo raspi-config 中的配置进行启用）。

3. 必需的素材

① 猪鼻子的卡通图案，如图 11-35 所示。

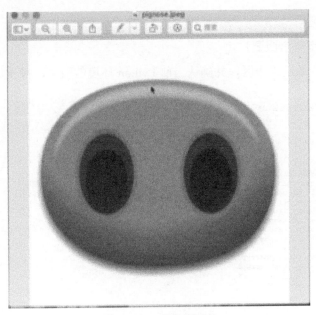

图 11-35　猪鼻子图案

② dlib 的 shape-predictor_68_face_landmarks.dat.bz2 压缩包。

4. 资源准备工作

进入 pignose 项目目录，并用命令将 dlib 库的模型文件解压，如图 11-36 所示。

```
bzip2 -d share_predictor_68_face_landmarks.dat.bz2
```

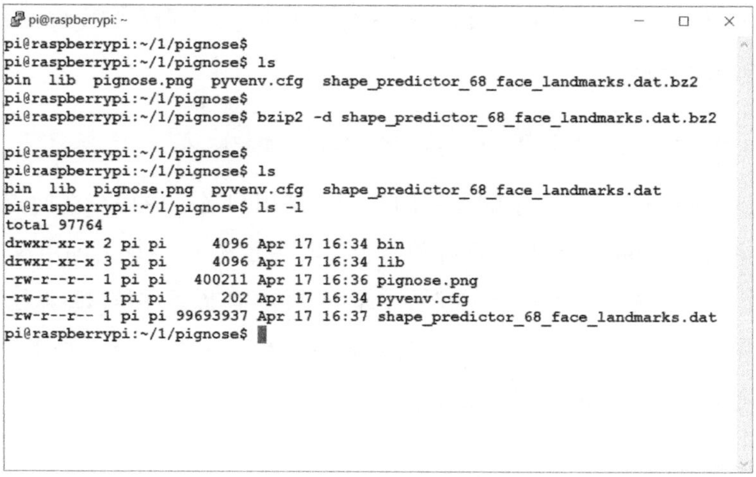

图 11-36　解压模型文件

5. 激活工作区

注意： 这一步非常重要！

通过下列命令激活工作区，并确认当前 Python 环境的版本，操作如图 11-37 所示。

```
source bin/activate
python -V
```

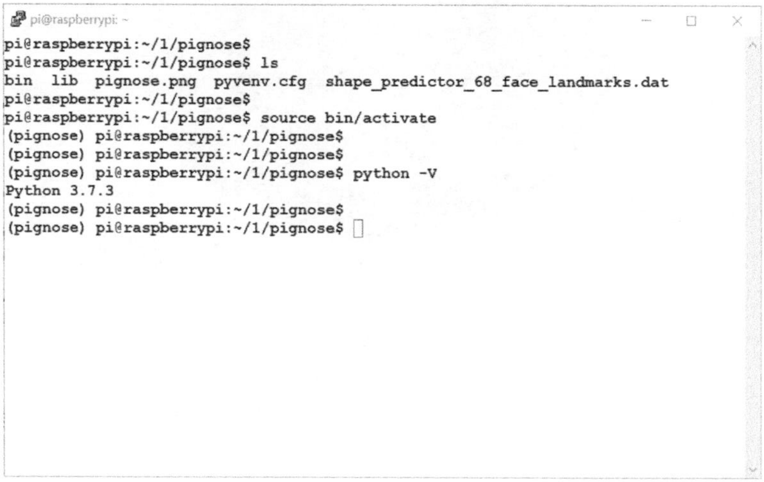

图 11-37　激活工作区

当前树莓派的 Python 版本是 3.7.3，官方目前最新版本是 3.8.1。

6. 安装 dlib 库及 opencv-python 库

通过下面的命令进行安装，如图 11-38 所示。

```
pip install dlib openCV-python
```

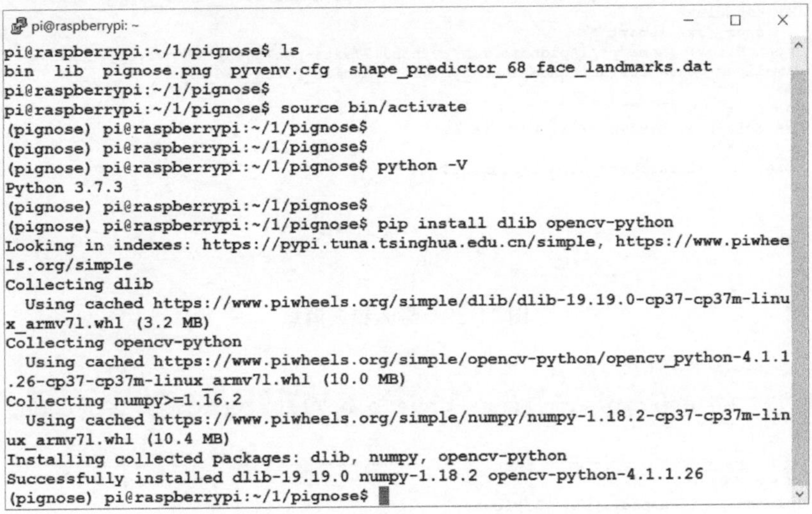

```
pi@raspberrypi: ~
pi@raspberrypi:~/1/pignose$ ls
bin  lib  pignose.png  pyvenv.cfg  shape_predictor_68_face_landmarks.dat
pi@raspberrypi:~/1/pignose$
pi@raspberrypi:~/1/pignose$ source bin/activate
(pignose) pi@raspberrypi:~/1/pignose$
(pignose) pi@raspberrypi:~/1/pignose$
(pignose) pi@raspberrypi:~/1/pignose$ python -V
Python 3.7.3
(pignose) pi@raspberrypi:~/1/pignose$
(pignose) pi@raspberrypi:~/1/pignose$ pip install dlib opencv-python
Looking in indexes: https://pypi.tuna.tsinghua.edu.cn/simple, https://www.piwhee
ls.org/simple
Collecting dlib
  Using cached https://www.piwheels.org/simple/dlib/dlib-19.19.0-cp37-cp37m-linu
x_armv7l.whl (3.2 MB)
Collecting opencv-python
  Using cached https://www.piwheels.org/simple/opencv-python/opencv_python-4.1.1
.26-cp37-cp37m-linux_armv7l.whl (10.0 MB)
Collecting numpy>=1.16.2
  Using cached https://www.piwheels.org/simple/numpy/numpy-1.18.2-cp37-cp37m-lin
ux_armv7l.whl (10.4 MB)
Installing collected packages: dlib, numpy, opencv-python
Successfully installed dlib-19.19.0 numpy-1.18.2 opencv-python-4.1.1.26
(pignose) pi@raspberrypi:~/1/pignose$
```

图 11-38　安装 dlib 库及 opencv-python 库

安装过程中会自动安装 numpy-1.18.0 来处理图像矩阵。如果安装过程中遇到报错，可以重复安装几次，如果一直安装失败，可以尝试使用国内的 pip 源，例如使用豆瓣或者清华的源都可以，如下：

```
pip install opencv-python -i http://pypi.douban.com/simple/
```

其中，-i 加一个 Python 的源路径，表示不使用本地原有的源配置，而是使用当前定义的源进行安装。

安装完成后，到树莓派相应环境中检测一下目前 OpenCV 的版本信息，避免因为环境出错导致的问题无法排错，要确保基础环境的有效性，如果出现如图 11-39 所示的情况也不用着急。

出现错误的原因是加载 Python3 时少加载了一个库文件，只需要在执行 Python3 时加入下面的变量并启动 Python3 即可，如图 11-40 所示。

```
pi@raspberrypi: ~
(pignose) pi@raspberrypi:~/1/pignose$
(pignose) pi@raspberrypi:~/1/pignose$
(pignose) pi@raspberrypi:~/1/pignose$
(pignose) pi@raspberrypi:~/1/pignose$ python
Python 3.7.3 (default, Dec 20 2019, 18:57:59)
[GCC 8.3.0] on linux
Type "help", "copyright", "credits" or "license" for more information.
>>>
>>> import cv2
Traceback (most recent call last):
  File "<stdin>", line 1, in <module>
  File "/home/pi/1/pignose/lib/python3.7/site-packages/cv2/__init__.py", line 3,
 in <module>
    from .cv2 import *
ImportError: /home/pi/1/pignose/lib/python3.7/site-packages/cv2/cv2.cpython-37m-
arm-linux-gnueabihf.so: undefined symbol: __atomic_fetch_add_8
>>>
>>> quit
Use quit() or Ctrl-D (i.e. EOF) to exit
>>> quit()
(pignose) pi@raspberrypi:~/1/pignose$
```

图 11-39　导入错误消息

```
LD_PRELOAD=/usr/lib/arm-linux-gnueabihf/libatomic.so.1 python3
```

```
pi@raspberrypi: ~
(pignose) pi@raspberrypi:~/1/pignose$
(pignose) pi@raspberrypi:~/1/pignose$
(pignose) pi@raspberrypi:~/1/pignose$ LD_PRELOAD=/usr/lib/arm-linux-gnueabihf/li
batomic.so.1 python3
Python 3.7.3 (default, Dec 20 2019, 18:57:59)
[GCC 8.3.0] on linux
Type "help", "copyright", "credits" or "license" for more information.
>>> import cv2
>>>
>>> cv2.__version__
'4.1.1'
>>>
```

图 11-40　预加载库启动

为了避免后期每次加载出现问题，可以编辑 /home/pi/.bashrc 文件，在文档末尾添加：

```
export LD_PRELOAD=/usr/lib/arm-linux-gnueabihf/libatomic.so.1
```

这样每次用户登录时都会初始化这个参数，就不会再出问题了。

自此，Opencv 和 dlib 库已经安装成功，并且 68-face-landmark 数据集和猪鼻子素材也已经上传完成，软件环境配置结束。

7. USB 摄像头处理办法

在开始测试代码前，请确保已经启用了树莓派的摄像头。如果外接了 USB 摄像头，可以通过 lsusb 命令列出设备信息，通过设备 ID 可以查到设备型号，如图 11-41 所示。

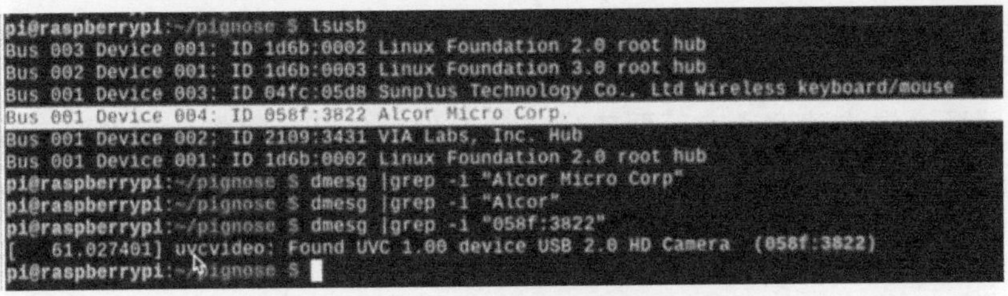

图 11-41　检测 USB 摄像头信息

通过 dmesg 打印系统开机时检测到的硬件信息，然后通过管道与 grep 正则匹配到含有关键字 "058f:3822" 这个 ID 的设备，它是一款 UVC1.00 的支持 USB2.0 的 HD 摄像头。

这样系统会生成一个设备文件 /dev/video1，如图 11-42 所示。

图 11-42　设备文件

编写一小段 Python 的代码来进行摄像头的测试，代码内容如下：

```
#!/usr/bin/env python3
# filename: pigface.py
import cv2
import numpy as np
import dlib


cap = cv2.VideoCapture(1)

while True:                             # 死循环读取摄像头
    ret, frame = cv2.read()             # 读取摄像头的每一帧
    cv2.imshow("camera1", frame)        # 在名为 camera1 的窗口中显示摄像头捕获的画面
```

```
        key = cv2.waitKey(1)              # 每隔 1 秒获取一帧图片
        if key == 27                      # 按键检测到 ESC 键就中断循环
              break

    cap.release()                         # 释放摄像头
    cv2.destroyAllWindows()               # 释放窗口
```

说明：定义一个摄像头捕获的对象 cap，使用 cv2.VideoCapture() 函数，其中 1 定义的是摄像头的序列号。本书的树莓派上接了一个官方摄像头，序列号为 0，还有一个 USB 摄像头，序列号为 1，这里使用 USB 摄像头做演示。

注意： 最后两个操作建议大家不要忘记，避免程序关闭后摄像头设备还在被占用。利用 Python 编写代码应注意段落缩进。

运行该代码：

```
python pigface.py
```

如果测试成功，应该可以看到摄像头的图像在一个叫 camera1 的窗口中展示出来，如图 11-43 所示。

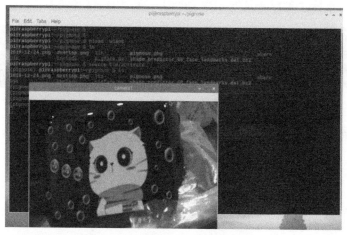

图 11-43　OpenCV 摄像头测试

通过测试，可以确保目前的环境是正常的，摄像头能够正常被 OpenCV 调用。

8. 正式进入代码编写

（1）cv2 代码分析

接下来就是见证奇迹的时刻，我们来一步步完成程序的调试，在现有的 pigface.py

文件中进行修改，如图 11-44 所示。

```
pi@raspberrypi: ~                              —    □    ×
#!/usr/bin/env python3
# __author__ = yoyojacky
# 2019-12-24
import cv2
import numpy as np
import dlib


cap =  cv2.VideoCapture(1)

while True:
    ret, frame = cap.read()
    gray = cv2.cvtColor(frame, cv2.COLOR_BGR2GRAY)
    cv2.imshow("camera1", frame)
    cv2.imshow("gray frame", gray)


    key = cv2.waitKey(1)
    if key == 27:
        break

cap.release()
cv2.destroyAllWindows()
(pignose) pi@raspberrypi:~/1/pignose$
```

图 11-44　代码修改

此处添加了两行代码，如下：

```
gray = cv2.cvtColor(frame, cv2.COLOR_BGR2GRAY)
cv2.imshow("gray frame ",  gray)
```

其意义是将每一帧图像转为灰度图，这样可以将原先的 BGR 三通道的图像转换成灰度图（单通道），从而增加程序运行的速度。执行时会看到两幅图片，如图 11-45 所示。

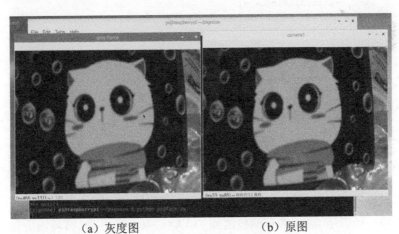

（a）灰度图　　　　　　（b）原图

图 11-45　灰度图和原图

所有的颜色都变成灰色色阶表示的图案，看到这一步，大家又向着成功迈进了一步！来，Give me Five！！！

（2）前脸检测部分代码分析

继续添加 4 行代码，引入 dlib 的前脸检测功能，如图 11-46 所示。

图 11-46　引入前脸检测

```
detector = dlib.get_frontal_face_detector()
faces=detector(gray)
for face in faces:
print(face)
```

通过它可以传入一个灰度图并找出图像中的人脸部分，因为在一幅图片中可能会检测到多个人脸，所以用 faces 来存储检测到的人脸对象。利用 for 循环遍历每一张脸并打印出来，在终端上就可以看到检测到的人脸矩阵。执行结果如图 11-47 所示。

图 11-47　面部检测

左侧列表中就是检测到的图像矩阵，有两个元组构成的一个列表，如图 11-48 所示。

图 11-48　图像矩阵

我们来分析一下这个矩阵的内容：

```
[(164, 26) (474, 336)]
```

它实际上是一个面部轮廓矩阵的左上角坐标（x，y）和右下角坐标（x1，y1），因为计算机理解的人脸都是在一个矩形范围内的，就算脸再圆，计算机看到的人脸也是一个正方形的矩阵区域。

识别到人脸后，接下来需要引入 shape_predictor 来完成人脸的 landmarks 的位置预测，并尝试在这些 landmarks 画上红色的圆圈，看看检测是否准确。

（3）引入模型参与检测

再次打开之前编辑的文件 pigface .py，添加语句如图 11-49 所示。

```
predictor = dlib.shape_predictor("./shape_predictor_68_face_landmarks
.dat")
```

```
pi@raspberrypi: ~                                          —  □  ×
(pignose) pi@raspberrypi:~/1/pignose$
(pignose) pi@raspberrypi:~/1/pignose$
(pignose) pi@raspberrypi:~/1/pignose$ cat pigface.py
#!/usr/bin/env python3
# __author__ = yoyojacky
# 2019-12-24
import cv2
import numpy as np
import dlib


cap = cv2.VideoCapture(0)
detector = dlib.get_frontal_face_detector()
predictor = dlib.shape_predictor("./shape_predictor_68_face_landmarks.dat")

while True:
    ret, frame = cap.read()
    gray = cv2.cvtColor(frame, cv2.COLOR_BGR2GRAY)

    faces = detector(gray)
    for face in faces:
        landmarks = predictor(gray, face)
        print(landmarks)

    cv2.imshow("camera1", frame)
    cv2.imshow("gray frame", gray)


    key = cv2.waitKey(1)
    if key == 27:
        break

cap.release()
cv2.destroyAllWindows()
(pignose) pi@raspberrypi:~/1/pignose$ ▊
```

图 11-49　添加 share_predictor

创建一个预测器对象，通过调用 shape_predictor 函数读取 landmarks.dat 数据集对人脸进行预测，会用 68 个点来标注面部各个器官的位置。

```
landmarks = predictor (gray, face)
```

通过预测对象在灰度图上找寻面部的 landmarks 信息存入 landmarks 对象。

打印后的效果如图 11-50 所示。

图 11-50　寻找面部 landmarks

（4）检验检测状态

如果检测到脸，就会打印一个对象，这个对象中就可以通过 part（landmarks 点位信息）来获取面部五官的 68 个点位图的 x 坐标和 y 坐标，然后通过坐标点进行后续的操作。例如，画一个红色的圆点，利用 OpenCV 画一个实心圆圈，如图 11-51 所示。

```
pi@raspberrypi: ~                                            –  □  ×
(pignose) pi@raspberrypi:~/1/pignose$
(pignose) pi@raspberrypi:~/1/pignose$
(pignose) pi@raspberrypi:~/1/pignose$ cat pigface.py
#!/usr/bin/env python3
#  __author__ = yoyojacky
# 2019-12-24
import cv2
import numpy as np
import dlib


cap = cv2.VideoCapture(0)
detector = dlib.get_frontal_face_detector()
predictor = dlib.shape_predictor("./shape_predictor_68_face_landmarks.dat")

while True:
    ret, frame = cap.read()
    gray = cv2.cvtColor(frame, cv2.COLOR_BGR2GRAY)

    faces = detector(gray)
    for face in faces:
        landmarks = predictor(gray, face)
        top_nose = (landmarks.part(29).x, landmarks.part(29).y)
        cv2.circle(frame, top_nose, 6, (0, 0, 255), -1)

    cv2.imshow("camera1", frame)
    cv2.imshow("gray frame", gray)

    key = cv2.waitKey(1)
    if key == 27:
        break

cap.release()
cv2.destroyAllWindows()
(pignose) pi@raspberrypi:~/1/pignose$ ▌
```

图 11-51　OpenCV 绘制实心圆圈

这里定义了一个变量来描述人脸被检测到以后鼻子上方的点的位置信息，如图 11-52 所示，用一个元组保存它：

```
top_nose = (landmarks.part(29).x,  landmarks.part(29).y)
```

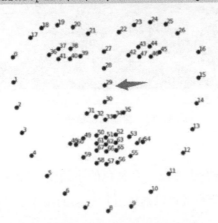

图 11-52　鼻子上方 landmark 29

landmark 29 就是要定位的位置。当有人出现在摄像头中时，摄像头会采集人的灰度图像，然后通过 detector 检测到面部，再通过 predictor 获取面部 landmark 29 的坐标信息，最后通过 cv2 画个红色的圆圈来标明它。

```
cv2.circle(frame, top_nose, 6, (0, 0, 255), -1)
```

这里调用了 cv2.circle（）方法，各参数意义为：在 frame 的 top_nose 的位置（即通过 landmarks 获取的 x，y 坐标）上绘制一个直径 6 像素的（B，G，R）图像，其中（0，0，255）表示 B 和 G 通道为 0，R 通道为 255，即为红色；-1 表示圆圈的厚度为 1，表示填充颜色进去，否则会是空心圆环。

运行程序，当有人出现在摄像头内，就会发现鼻子上有个红点，如图 11-53 所示。

图 11-53　绘制面部鼻子圆点

（5）巩固检测的效果

在 landmarks 的每个坐标上都画一个红色的小圆圈，查看其是否和 landmarks 的标准点一样精确，确定一样精确就可以继续进行后续的操作了，修改后的代码如图 11-54 所示。

```
pi@raspberrypi: ~
(pignose) pi@raspberrypi:~/1/pignose$
(pignose) pi@raspberrypi:~/1/pignose$ cat pigface.py
#!/usr/bin/env python3
# __author__ = yoyojacky
# 2019-12-24
import cv2
import numpy as np
import dlib


cap = cv2.VideoCapture(0)
detector = dlib.get_frontal_face_detector()
predictor = dlib.shape_predictor("./shape_predictor_68_face_landmarks.dat")

while True:
    ret, frame = cap.read()
    gray = cv2.cvtColor(frame, cv2.COLOR_BGR2GRAY)

    faces = detector(gray)
    for face in faces:
        landmarks = predictor(gray, face)
        # top_nose = (landmarks.part(29).x, landmarks.part(29).y)
        for i in range(0, 68):
            cv2.circle(frame, (landmarks.part(i).x, landmarks.part(i).y), 6, (0, 0, 255), -1)

    cv2.imshow("camera1", frame)
    cv2.imshow("gray frame", gray)

    key = cv2.waitKey(1)
    if key == 27:
        break

cap.release()
cv2.destroyAllWindows()
(pignose) pi@raspberrypi:~/1/pignose$
```

图 11-54　添加打点代码

其中，代码段如下：

```
for i in range(0, 68):
    cv2.circle(frame, (landmarks.part(i).x, landmarks.part(i).y), 6, (0, 0,
255), -1)
```

利用一个 for 循环遍历 landmarks 的 68 个点位，然后都画上了红色的小圆圈，如图 11-55 所示。

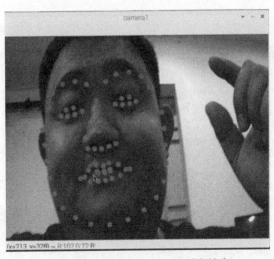

图 11-55　画满 landmarks 对应的点

圆圈半径改小一些可能更清晰，将源码中圆圈半径从 6 改为 2，如下：

```
cv2.circle(frame, (landmarks.part(i).x, landmarks.part(i).y), 2, (0, 0,
255), -1)
```

再次执行，得到如图 11-56 所示图案。

图 11-56　匀称小红点

有时会出现不准确的情况，那是由于一些特殊原因导致的误判，例如会因为光线的缘故出现一些误判，还有可能因为人处在某个特别的角度上也会出现误判，对于一些形似人脸的图案也会出现误判，如图 11-57 所示。

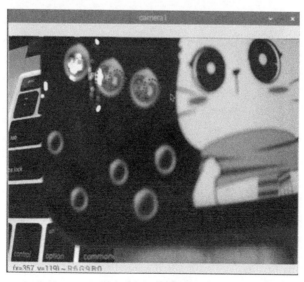

图 11-57　人脸误判

至此，可以通过 landmarks 实时在面部图像的帧上做修订的操作了。

（6）将猪鼻子替换上来

最后一步，就是将卡通的猪鼻子替换到 landmarks 的特定位置，不管人脸如何晃动，只要捕获了面部的信息就会将卡通猪鼻子的图片贴上来。

在代码的最前面需要导入一个 math 数学库中的 hypot 方法，通常这个函数用来计算直角三角形的斜边长。在这个项目中，主要是为了计算两个点之间的距离，为什么要计算距离呢？是为了让猪鼻子在摄像头靠近人脸时变大，在摄像头远离人脸时变小，进行动态的缩放显得更加真实。

hypot 函数用法如图 11-58 所示。

图 11-58　hypot 函数用法

选取鼻子周围的一圈 landmarks 进行操作，定义了 4 个位置 top_nose, center_nose, left_nose, right_nose，如图 11-59 所示，添加 4 个变量，如图 11-60 所示。

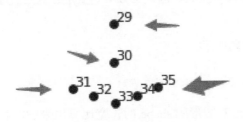

图 11-59　鼻子 landmarks

```
pi@raspberrypi: ~                                                    —  □  ×
import numpy as np
import dlib
from math import hypot

cap =   cv2.VideoCapture(0)
detector = dlib.get_frontal_face_detector()
predictor = dlib.shape_predictor("./shape_predictor_68_face_landmarks.dat")

while True:
    ret, frame = cap.read()
    gray = cv2.cvtColor(frame, cv2.COLOR_BGR2GRAY)

    faces = detector(gray)
    for face in faces:
        landmarks = predictor(gray, face)
        top_nose = (landmarks.part(29).x, landmarks.part(29).y)
        center_nose = (landmarks.part(30).x, landmarks.part(30).y)
        left_nose = (landmarks.part(31).x, landmarks.part(31).y)
        right_nose = (landmarks.part(35).x, landmarks.part(35).y)

        nose_width = int(hypot(left_nose[0] - right_nose[0], left_nose[1] -
            right_nose[1]) * 1.7 )
        nose_height = int(nose_width * 0.77 )

    cv2.imshow("camera1", frame)
    cv2.imshow("gray frame", gray)

    key = cv2.waitKey(1)
    if key == 27:
        break

cap.release()
cv2.destroyAllWindows()
(pignose) pi@raspberrypi:~/1/pignose$ █
```

图 11-60　添加鼻子所在位置的变量

为了更好地理解代码内容，接下来一步步给大家解释所添加代码的作用。

① 计算鼻子宽度。代码如下：

```
nose_width = int(hypot(left_nose[0] - right_nose[0], left_nose[1] -
right_nose[1]) * 1.7)
```

利用 hypot 函数算出左边鼻翼到右边鼻翼的间距，其中对间距进行了 1.7 倍的放大，是为了更好地显示效果，这个参数大家可以根据自己的实际情况调整。为什么要用 int() 函数进行强制转换呢？这是由屏幕的物理特性决定的，因为在屏幕上无法显示半个像素，像素的值都是整数，因此必须要将 hypot 返回的浮点数转换成整型，这样才能够使用。

② 计算鼻子高度。代码如下：

```
nose_height = int(nose_width * 0.77)
```

常量 1.7 和 0.77 是通过对图形的 shape 的长宽比算出来的，对于不同的图片需要进行适当微调，让卡通猪鼻子和脸的比例看起来比较和谐就好。

③ 计算鼻子整体的范围。代码如下：

```
    top_left = (int(center_nose[0] - nose_width / 2), int(center_nose[1] +
nose_height / 2))
    bottom_right = (int(center_nose[0] + nose_width /2), int(center_
nose[1] + nose_height / 2))
```

这里要通过定义一个矩阵的范围来标识鼻子所在的区域，而前文提到过它是一个矩形的区间，矩形的左上角和矩形的右下角只要确定了绝对的位置，就可以确定所需要的空间了，如图 11-61 所示。

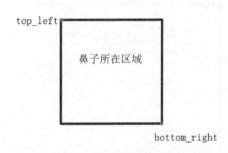

图 11-61　top_left 和 bottom_right 图示

经过精确定位，不管人在摄像头前如何晃动，摄像头捕捉的核心部位都是鼻子中心的位置，保证了中心点一直跟随鼻子运动。这样一来，当距离摄像头远了，鼻翼之间的距离就变小（nose_width 的值变小，鼻子中心点加上到鼻翼的宽度就变小，这样鼻子整体就范围就变小了）；反之就随之变大，因此当人在摄像头前进行前后运动时，鼻子检测到的区域也就会不断变化。

④ 导入卡通猪鼻子图片并进行二值化，让卡通猪鼻子图片能够与鼻子实际检测的状态同步。代码如下：

```
nose_image = cv2.imread("pignose.png")
nose_pig = cv2.resize(nose_image, (nose_width, nose_height))
```

为了方便运算，将卡通猪鼻子的图片转换成灰度图，添加代码如图 11-62 所示。

```
nose_pig_gray = cv2.cvtColor(nose_pig, cv2.COLOR_BGR2GRAY)
```

```
pi@raspberrypi: ~                                               —  □  ×

detector = dlib.get_frontal_face_detector()
nose_image = cv2.imread("pignose.png")
predictor = dlib.shape_predictor("./shape_predictor_68_face_landmarks.dat")

while True:
    ret, frame = cap.read()
    gray = cv2.cvtColor(frame, cv2.COLOR_BGR2GRAY)

    faces = detector(gray)
    for face in faces:
        landmarks = predictor(gray, face)
        top_nose = (landmarks.part(29).x, landmarks.part(29).y)
        center_nose = (landmarks.part(30).x, landmarks.part(30).y)
        left_nose = (landmarks.part(31).x, landmarks.part(31).y)
        right_nose = (landmarks.part(35).x, landmarks.part(35).y)

        nose_width = int(hypot(left_nose[0] - right_nose[0], left_nose[1] -
            right_nose[1]) * 1.7 )
        nose_height = int(nose_width * 0.77 )
        top_left = (int(center_nose[0] - nose_width/2), int(center_nose[1] +
            nose_height/2))
        bottom_right = (int(center_nose[0] + nose_width/2), int(center_nose[1] +
            nose_height/2))

        nose_pig = cv2.resize(nose_image, (nose_width, nose_height))
        nose_pig_gray = cv2.cvtColor(nose_pig_gray, cv2.COLOR_BGR2GRAY)

        _, nose_mask = cv2.threshold(nose_pig_gray, 26, 255,
                cv2.THRESH_BINARY_INV)



    cv2.imshow("camera1", frame)
    cv2.imshow("gray frame", gray)

    key = cv2.waitKey(1)
    if key == 27:
        break
```

图 11-62　加入猪鼻子转灰度图的代码

⑤ 创建遮罩。这是非常关键的一步，用到了 cv2 的 threshold 方法，当处理的像素高于阈值时，给像素赋予新值。代码如下：

```
_, nose_mask = cv2.threshold(nose_pig_gray, 26, 255, cv2.THRESH_BINARY_INV)
```

函数原型是 cv2.threshold（src，thresh，maxval，type），即 cv2.threshold（源图片，阈值，填充色，阈值类型）。其中，src 设置为 nose_pig_gray；阈值 thresh 设置为 26；maxval 设置为 255；type 设置为 1 或者 cv2.THRESH_BINARY_INV。

各参数的含义如下：

◆　src：源图片，必须是单通道。

◆　thresh：阈值，取值范围为 0 ～ 255。

◆　maxval：填充色，取值范围为 0 ～ 255。

◆　type：阈值类型，具体含义如表 11-1 所示。

表 11-1　阈值类型

阈　值	小于阈值的像素点	大于阈值的像素点
0	置 0	置填充色
1	置填充色	置 0
2	保持原色	置灰色
3	置 0	保持原色
4	保持原色	置 0

这里的阈值类型的 0~4 分别为：

◆　0：代表 cv2.THRESH_BINARY（黑白二值）。

◆　1：代表 cv2.THRESH_BINARY_INV（黑白二值反转）。

◆　2：代表 cv2.THRESH_TRUNC（得到的图像为多像素值）。

◆　3：代表 cv2.THRESH_TOZERO（To zero）。

◆　4：代表 cv2.THRESH_TOZERO_INV（To zero 的反转）。

thresh 的值设置为 26，是不断摸索尝试得到的结果，大家可以在此基础上更换 thresh 的阈值范围来进行调试，以达到最佳效果。

⑥ 替换猪鼻子。将鼻子的部分抠图，把周围白色的底色去掉，如图 11-63 所示。

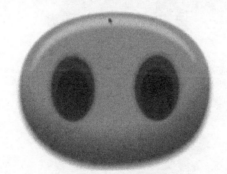

图 11-63　卡通猪鼻子

计算出鼻子所在的区域，代码如下：

```
nose_area = frame[top_left[1]: top_left[1] + nose_height, top_left[0] + nose_width]
```

计算没有鼻子的区域，代码如下：

```
nose_area_no_nose = cv2.bitwise_and(nose_area, nose_area, mask=nose_mask)
```

用 cv2.bitwise_and（）的运算方式，利用蒙板将不需要的部分去掉，然后把猪鼻子贴到没有鼻子的区域就完成了。

这里只是利用帧图像的矩阵替换将真人鼻子部分的内容替换成了卡通猪鼻子，代码如下：

```
final_nose = cv2.add(nose_area_no_nose, nose_pig)
frame[top_left[1]: top_left[1] + nose_height, top_left[0]: top_left[0]
+ nose_width] = final_nose
```

按照这样的方法，大家可以替换眼睛、眉毛、鼻子、嘴巴等部位，可以制作很多有趣的应用。

（7）测试效果

最终的测试效果如图 11-64 所示。不管怎么动，只要人脸正面对着摄像头就会出现小猪鼻子。

图 11-64　替换鼻子的效果图

远离摄像头，鼻子会变小，如图 11-65 所示。

图 11-65　鼻子变小

靠近摄像头，鼻子会放大，如图 11-66 所示。

图 11-66　鼻子放大

至此基本完成了通过 OpenCV 换鼻子的操作，测试成功后，赶紧找身边的朋友试试看！

11.5　开挖脑洞,发散思维

读者可以尝试实时替换自己的鼻子,换成小丑的红鼻头,或者尝试做一个实时描眉的应用。

① 换小丑红鼻头提示: 下载一个小丑的红色鼻头的图片文件,替换猪鼻子文件。

② 描眉应用提示:利用遍历的方式将图 11-67 中 landmarks 用 cv2.circle ( ) 方法画上蓝色的小圆圈,landmarks 值:17,18,19,20,21,22,23,24,25,26。

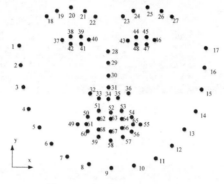

图 11-67　眉毛 landmarks

部分代码如下:

```
landmarks = predictor(gray, face)
for mark in range(17, 27):
cv2.circle(frame, (landmarks.part(mark).x, landmarks.part(mark).y), 6,
(255, 0, 0), -1)
```

11.6　总　结

本章利用树莓派结合 OpenCV 视觉框架和 dlib 库进行预测并检测人脸,并通过 shape_predictor 的 68 个 landmark 点(地标)来进行关键位置的定位,然后通过 OpenCV 的 bitwise 运算和 add 运算,进行复杂的图像处理来帮助大家更直观地学习机器视觉的初级应用,在涉及鼻子计算时,用到了很多图形矩阵的操作。这部分内容非常关键,需要大家多加练习以便可以熟悉掌握。

本章操作视频可以通过扫描封底二维码进行观看。

第 12 章
树莓派通过 U 盘启动系统

引　言

随着科学技术的快速发展，对系统的启动速度的要求越来越高，这个趋势也蔓延到了嵌入式设备上，因此，通过树莓派 USB 3.0 接口启动系统也成为越来越迫切的需求。

为什么大家喜欢用 USB 启动树莓派呢？原来的 TF 卡启动不香了吗？自从树莓派采用了 USB 3.0 以后，大家就开始想尝试通过 USB 3.0 接口启动树莓派了，不仅启动速度更快，而且在系统的性能提升上，也可以不用考虑磁盘瓶颈带来的卡顿了！

本章的内容就是介绍在树莓派 4B 上制作一个 USB 启动系统盘的方法。

12.1　硬件需求

需要提前准备的硬件设备如下：

- ◆　1 个树莓派 4B 开发板，建议内存容量为 8GB。
- ◆　1 个 16GB 或 32GB TF 卡，当前实验环境使用的是 32GB 的 TF 卡。

- ◆　1 个大容量的固态硬盘，配置 USB3.0 的 SATA 接口或者硬盘转接头。
- ◆　1 个 5V/3A 的拥有 USB-C 电源接口的电源。
- ◆　1 台支持 HDMI 信号接入的电视机或显示器（可选）。
- ◆　1 根 MicroHDMI 转标准 HDMI 接口的高清数字线缆（可选）。

12.2　前期准备

在配置系统前，仍然需要使用 Raspberry Pi 操作系统，只要下载最新版本即可，并且通过 Etcher 软件烧录到 TF 卡，接好外设，启动树莓派，打开终端，输入下列命令进行初始化配置：

```
sudo apt-get update
sudo apt-get -y upgrade
```

12.3　更新升级系统

更新成功完成后，在终端继续输入：

```
sudo rpi-update
sudo sync
sudo reboot
```

更新树莓派固件完成后，一定要重新启动系统才可以继续下面的步骤。

12.4　更新 bootloader

重启系统后，在 TF 卡上已经安装了 Raspbian 系统，可以启用树莓派的 USB 启动模式。首先，必须添加一个配置选项，然后必须重新启动 Pi。这将在树莓派的 OTP（一次性可编程）内存中设置，允许设备从 USB 大容量存储设备启动。之后，将不再需要 SD 卡登录到系统，在终端中执行：

```
echo program_usb_boot_mode=1 | sudo tee -a /boot/config.txt
```

这样会将"program_usb_boot_mode=1"添加到 /boot/config.txt 文件的末尾，现在一定要重启树莓派使其生效。

```
sudo reboot
```

接下来，编辑 rpi-eeprom-update 文件并将选项的 critical 值由 FIRMWARE_RELEASE_STATUS 更改为 stable，但是如果打开配置文件后发现其值已经为 stable，则忽略该步骤。

```
sudo nano /etc/default/rpi-eeprom-update
```

如果修改了配置文件，接下来需要更新 EEPROM 的配置，在终端中执行：

```
sudo rpi-eeprom-update -d -f /lib/firmware/raspberrypi/bootloader/stable/
pieeprom-2021-06-16.bin
```

注意：这里的日期请参考当前目录中最新的 bin 文件后缀进行替换。

12.5　检查启动选项

重启后，需要确认系统是否已经启用了 USB 引导模式，在终端中继续执行：

```
vcgencmd otp_dump | grep 17
```

如果输出信息中包含 000008b0 信息，表示已经启用完成。

利用下列命令来检查引导加载程序的版本信息，打开终端执行：

```
vcgencmd bootloader_version
```

如果执行结果类似下列显示，则说明已经成功了一半了。

```
pi@raspberrypi:~ $ vcgencmd bootloader_version
Sep  3 2020 13:11:43
version c305221a6d7e532693cc7ff57fddfc8649def167 (release)
timestamp 1599135103
update-time 0
capabilities 0x00000000
```

以上操作也可以利用 raspi-config 工具通过图形化界面完成，完成的结果是一样的，读者可根据自己的喜好选择。

打开终端并执行：

```
sudo raspi-config
```

依次选择如图 12-1~ 图 12-4 所示的选项，即可完成设置。

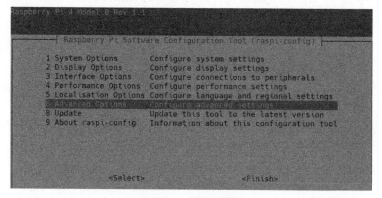

图 12-1　高级选项

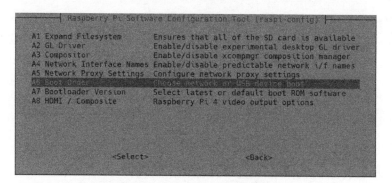

图 12-2　Boot Order 启动顺序

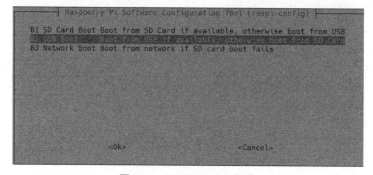

图 12-3　USB BOOT 启动

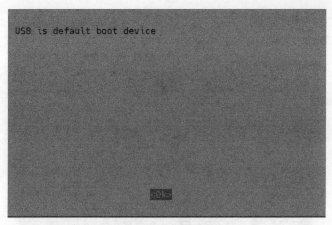

图 12-4　设置完成

通过 A7 Bootloader Version 可以查看 Bootloader 的版本信息，如图 12-5 所示。

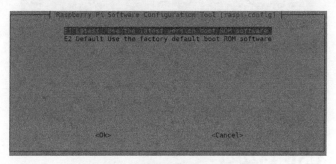

图 12-5　加载最新版本 Boot ROM

重置 Boot ROM 为默认值，如图 12-6 所示。

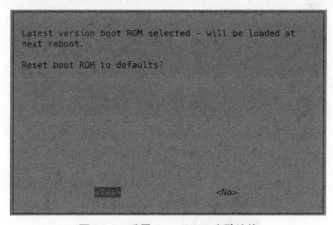

图 12-6　重置 Boot ROM 为默认值

12.6   无卡启动测试

关闭树莓派，取出 TF 卡，然后重新启动树莓派，在无卡启动的过程中，会在显示器上看到 boot 启动信息，如图 12-7 所示。

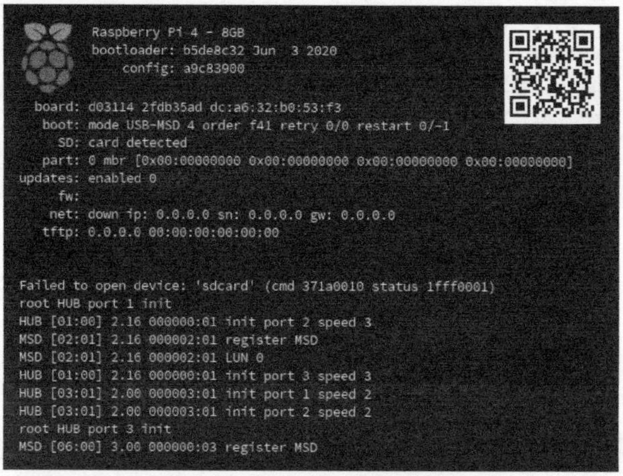

图 12-7   无卡启动树莓派信息

12.7   制作 USB 启动盘

在树莓派桌面上点击树莓派图标，选择"Accessories → SD Card Copier"，如图 12-8 所示。

图 12-8   SD Card Copier 工具

　　将固态硬盘通过 USB 接口接入树莓派 USB 3.0 接口（蓝色），待磁盘识别后，在弹出的对话框中进行选项设置，"Copy From Device" 选择 TF 卡所在的磁盘，"Copy To Device" 选择 USB 接口上接入的硬盘，勾选 "New Partition UUIDs" 选项，然后单击 Start 按钮并等待完成，如图 12-9 所示。

图 12-9　复制 TF 卡文件系统到 USB 移动硬盘

　　等待复制完成后，将系统关闭，并取下 TF 卡，重新启动后就会通过 USB 硬盘启动树莓派了，现在的树莓派运行速度将会有一个质的提升！如果配置了 KODI 娱乐系统，并配置一个 Samba 服务器，不仅可以成为家中的 mini NAS 系统，还可以成为家庭媒体中心！别让树莓派闲置着，快动手试试看吧！